自爱——化作春泥更护花

张智辉　编著

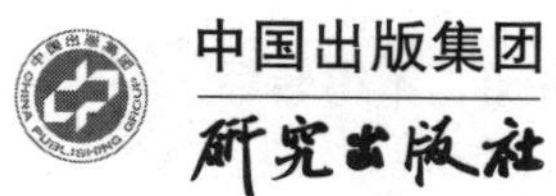

图书在版编目（CIP）数据

自爱：化作春泥更护花 / 张智辉编著．— 北京：研究出版社，2010.4

ISBN 978-7-80168-565-0

Ⅰ．①自… Ⅱ．①张… Ⅲ．①个人－修养－青少年读物 Ⅳ．①B825-49

中国版本图书馆 CIP 数据核字（2010）第 047637 号

责任编辑：张璐　吕慧

自爱——化作春泥更护花

作　　者：张智辉　编著
出版发行：研究出版社
地　　址：北京市朝阳区安定门外安华里 504 号 A 座（100011）
电　　话：010-64217619　64217612（发行中心）
网　　址：www.yanjiuchubanshe.com
经　　销：新华书店
印　　刷：三河市同力彩印有限公司
版　　次：2010 年 4 月第 1 版　2020 年 1 月第 2 次印刷
开　　本：787mm × 1092mm　1/16
印　　张：15.5
字　　数：200 千字
书　　号：ISBN 978-7-80168-565-0
定　　价：30.00 元

前 序

爱别人，从爱自己做起

爱别人，只有从爱自己开始——懂得自爱。自爱就是给自己一个生活的方向：我要使自己成为一个有爱心的人。耶稣基督在两千年前就向人们阐述了一个深刻的道理：像爱自己一样爱周围的人。

青少年正处于美好的青春期，培养自尊自爱、自强自立是人生的关.键期。谈到自爱，很多中学生茫然地问道："什么是 自爱？"自爱就是直面自己，与自己进行沟通；自爱就是认识自己，明确自己是什么样的人；自爱就是善待自己，才能更好地帮助自己；自爱就是宠爱自己，正确爱自己的健康……

尼娜·拉里什曾说过："我希望，它有助于你和其他许多人更好地了解自己，容纳自己。我也希望，你将全力以赴，以便有朝一日能够做到自爱，或成为一个有爱心的人。我们需要你。"可见，自爱在一个人的人生中所占的位置多么重要。所以，亲爱的青少年朋友们，如果你对自己感到满意，那么就接纳自己吧，你会从自身获得热烈的赞赏；如果你对自己感到失望，那么就接纳自己吧，你将得到自己最温暖的拥抱和最真诚的信任。

我们在爱自己的时候，应该更多地对自己向自己敞开心声，更多地接受自己的缺点，容纳自己存在的不足。如果一个人不爱自己的话，他就不会爱别人。自爱还是一个人得以生存和继续能否成功发展的精神上的力量。自爱是一种人生的艺术，它在于即使觉得自己很讨厌自己、自己很笨或者……你也要学会去热爱自己。

但大家需要记住的是：爱自己在任何时候都不会伤害自己，那只是暂时

的失意低落，爱自己更不会庸俗自我。

爱自己就要努力让自己吃好、睡好、身体好、心情好，只有这样才会更可爱，只有一个可爱的人，爱自己的人才会懂得爱别人；

爱自己是一种责任，就像爱你的家人和朋友一样，我们只有一直小心翼翼地保护自己内心的纯净，才能抵抗太多的诱惑和坠落；

爱自己其实是自然而然的事，就像大家要吃饭一样。了解自己，认识自己，不管别人怎样看你，你都是唯一的，你是一个有价值，值得被爱的人。

……

爱自己的理由有很多，但爱自己并不表示自怜，更不是自我放纵。爱自己，要爱自己爱得正确、爱得健康，首先要让自己自由，时时倾听自己和内在自我对话，诚实地面对内心深处的各种欲望，这样，当我们置身各种人、事物中才能不受约束，才能完全保持平衡。当我们能用这样的态度爱自己，就能真正了解爱的意义，而且有能力去爱其他人。

青少年朋友们，大家都好好地学会珍爱自己吧，自爱是你们人生中必不可缺的一堂课。学会了自爱，才能为自己找到生活的方向——爱自己就等于爱别人，爱别人就等于爱自己。这是人生的真谛，这是爱的升华。

编　者

前言

Preface

生活中，像爱自己一样爱每一个人。可是，又有几个人懂得爱自己？认识自己、善待自己、宠爱自己、容纳自己，又有谁真正可以做得到？一个不懂得爱自己的人，更不要说去爱别人。

中学时期是人生成长的重要阶段，因此，在社会这个大染缸里，青少年必须要求自己像莲花一样洁身自爱，做一个“有知识、有文化、有自爱、有纪律、有道德”的优秀学生，而不能自卑自贱、自暴自弃、无所事事、无心向学。这样不仅不能让自己学会自爱，而且还影响到了去施与爱心去爱别人。

学会自爱，必须抛掉自卑和自负。这样不仅爱了自己，还学会了去爱他人。

现实中，许多青少年会很不自觉地丢失了自爱这一本能，变得不懂自爱，不会自爱。你们不是想方设法维护自己的形象，而是有意无意放纵自己，作践自己，糟蹋自己，实际上是作践自爱，糟蹋自爱。所以，要想学会自爱，必须学会怎样去很好地爱自己，爱自己的一切。

自爱就是给自己一个生活的方向：我要使自己成为一个有爱心的人。

人生就像一个躲避风雨的港湾，别人有时是需要你们用心用爱去帮助的。当你付出了真诚的爱心和关怀的时候，相信别人会解除身边的很多烦恼，也给你的生活指明了永远光明的灯。所以不要吝啬施与自己的爱心，自己要学会把自己的爱心给予别人。对于施与的爱心者也许只是举手之劳。对于接受

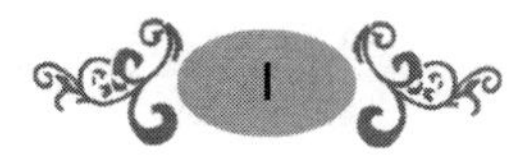

爱心的别人，往往可能受惠终生。

像爱自己一样，去爱别人，这个世界将会充满美好与爱心。爱心是一个同心圆，我中有你，你中有我。爱能产生人间的一切美德与奇迹。

施与爱心的人将自己的爱心交与被施与爱心者，与别人共享人间的幸福。

“我施与——我快乐”，常怀一颗阳光的心，把光和热散发出去，不仅自己快乐，而且别人更快乐。施与对你获得好运有很大的帮助。当你帮助别人而不图任何回报时，得到好运的概率就提高很多。因为当你慷慨赠予，会感到幸福，使自己更乐观向上，更有可能接近好运。其次，你曾经帮助过的人，有一天也可能帮助你。慷慨能感染别人。

每个人总有失意时，无论你此时怎样，爱心都能与你不离不弃。生活会乏味，自己对待其他人的态度就是将来大多数时间别人对待自己的态度。那么，自己也要多去施与别人爱心，让更多人的生活都变得更加阳光。

一个怀有爱心的人，总能从别人那儿得到更多，分享自己投资经验或错误的时候，同时得到更多的经验和借鉴。欣赏别人的同时，也使自己的心胸和视野变得更广阔。能在施与爱心的同时，让自己的内心也变得更加完美，给予别人很大的帮助，让别人从某种程度上减轻生活所遭受的痛苦。

所以青少年要学会施与爱心，施与那些你应该去帮助的任何人，施与爱心会给你提供改正自己人生的错误经验。自己也会获取一次经历上的进步和成功。一定要学会像爱自己一样爱惜别人。.

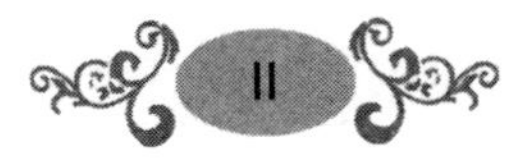

Contents 目录

上篇 爱自己，才能爱别人

学会认识自己，步步迈向自爱，了解自己，理解自己！

特莱丝曾说过："人生最困难的事情就是认识自己。"

做到真正地认识自己其实不是一件简单的事情，而是充满了人生的荆棘与坎坷。人最大的敌人不是去认识别人，而是去认识自己，做到真正地认识自己就是自爱的真实写照。所以，青少年要迈向自爱的第一步，学会认识自己。

善待自己，调整心态，放松心灵，用自爱之心照亮人生！

有位哲人说："学会自爱，就必须抛掉心中的自卑和自负。"

爱惜自己，不仅要善待自己的健康，更要学会善待自己的心情。一个不懂自爱的人往往是过于自卑的人，在生活中往往受到严重挫折，心灵创伤打击，然后慢慢地迷失自己。缺乏自爱，尤其缺乏对自己心态的善待，一旦真的遇到失败或外界的阻碍，自己未加爱护的、脆弱的自我概念就难免有崩溃的危险。

亲爱的中学生朋友，懂得善待自己的心情，才能更好地帮助自己！

爱自己，不是一种放纵，要爱自己爱得正确、爱得健康！

常常有人将宠爱自己当作自我放纵，这不是爱自己，而是恨自己错误的自纵，实际上等于自恨，自我窒息，譬如暴饮暴食、烟酒过度、生活习惯不规律、完全不运动、不吸收新知识、懒惰……这些行为都是在虐待自己的身体、伤害自己，这样放纵，绝不是宠爱自己，而是恨自己，跟自己过不去，更是

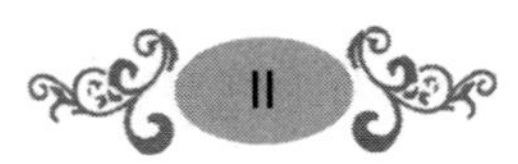

对自己的不尊重。

中学生朋友们，爱自己就要善待自己的身体，让自己健康，让自己开心。

对自己满意，那就接纳自己，你会从自身获得热烈的赞赏！

俗话说："海川百纳，易于良生。"

此一时彼一时。心就像是以往的海洋，可以容纳下许多美好的事物。善于去容纳自己的人，其心情也是像江水一样清澈见底，像鱼儿一样快乐自由。在内心最深处，接受不完美的自己，你才会快乐、勇敢地生活。

是把自己当作朋友，相知相伴？还是把自己当作敌人，百般挑剔？一念之差，可以使你愉悦人生，也可以把你赶入地狱。

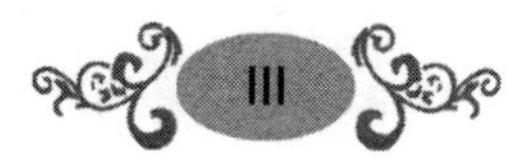

下篇 像爱自己一样爱别人

爱心会我们懂得生命价值的真谛，也懂得了生命的价值所在！

爱心是人间永远开不败的花！

爱心是一首飘荡在夜空的歌谣，使孤苦无依的人获得心灵的慰藉；爱心是一种奇妙的力量，它可以传递温暖，还能够创造奇迹。当浮华给予我们过多欺骗，现实中的虚假几乎让青春的我们忘却了真实的存在，是爱心唤回了曾经迷离的心，是爱心带给了青春的我们最纯、最真的感觉，它流露的是美的誓言，渗透的是人间永恒执着的真爱。

让爱心永存每个中学生心中，托起大家生命的方舟！

人生的价值在于奉献，乐于奉献的人常为别人开一朵鲜艳的花朵！

奉献爱心，能体现自己的人生价值，更能让自己的心灵得到洗涤。

在这个纷乱复杂的世界里，唯一能够让大家维系在一起的便是爱心。青

少年是一个年轻又充满活力的群体，我们的爱心一定更具有号召力和感染力，所以更应该用自己的行动来让世界充满爱。青少年应该明白奉献爱心的价值和意义，哪怕是用自己微薄的力量向社会付出自己仅有的一点热量，也能发挥出神奇的效果。

乐于奉献，是每个青少年人生中的必修课！

伸出你的手，伸出我的手，相互帮助，相互快乐，相互关怀，这是人生最大的幸福！

施与者将自己的爱心交与被施与者，与他们共享人间的幸福。

“我施与——我快乐”，常怀一颗阳光的心，把光和热散发出去，不仅自己快乐，别人更快乐。施与对你获得好运有很大的帮助。当你帮助别人而不图任何回报，得到好运的概率就提高很多。因为当你慷慨赠予，会感到幸福，使自己更乐观向上，更有可能接近好运。而且，你曾经帮助过的人，有一天也可能帮助你。慷慨能感染别人。

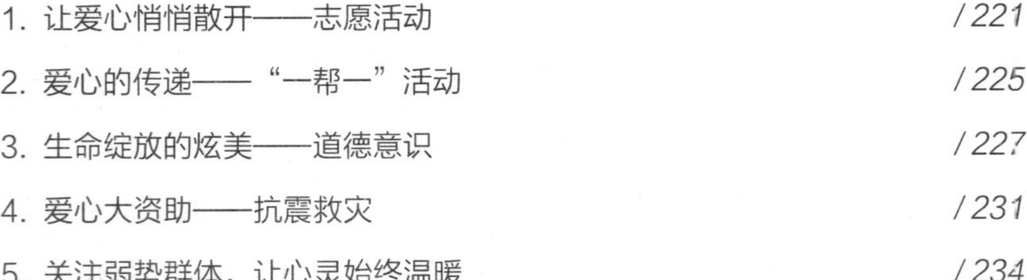

爱别人等于爱自己，帮别人就是助自己！让爱延续，让梦飞翔！

“这是心的呼唤，这是爱的奉献，这是人间的春风，这是生命的源泉……”每当大家听到这首歌曲的时候，心里顿觉升起阵阵暖意。爱心是要传递的。我们不是仅仅因贫而助，而是因助而助人才助。爱心绝对不是无条件的，爱心要对社会负责。

爱心活动大联盟，让每个青少年都参与进去！让我们人人都献出一份爱，让这个世界变得更加美好！

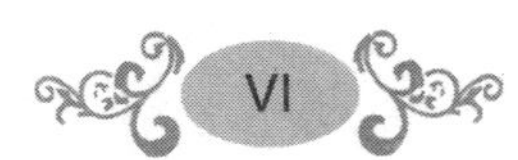

上篇

爱自己，才能爱别人

第一章

认识自己——迈向自爱的第一步

学会认识自己,步步迈向自爱,了解自己,理解自己!

特莱丝曾说:“人生最困难的事情就是认识自己。”

做到真正地认识自己其实不是一件简单的事情，而是充满了人生的荆棘与坎坷。人最大的敌人不是去认识别人，而是去认识自己，做到真正地认识自己就是自爱的真实写照。所以，青少年要迈向自爱的第一步，学会认识自己。

1 明确自己是什么样的人

青少年正处于一个开始认识自己的青春期，大家也许常会自问："我将来能做什么？""什么样的生活才是我想要的？"很少有人能够确定自己不愿意做什么，自己能干什么，其原因就是大家根本不明确自己是一个什么样的人。在人生成长的道路上，认识自己才是最为重要的。

传说在希腊帕尔纳索斯山南坡上，有一个驰名整个古希腊世界的戴尔波伊神托所，这座神所是一组石造建筑物。在这个神托所的入口处，在一块石头上刻有两个词，用今天的话来讲就是：认识你自己！

古希腊的哲学家苏格拉底最爱引用这句格言教育他的学生，因此，后人往往错误地认为这是苏格拉底说的话。这句话当时被人们认为是阿波罗神的神谕，其实是家喻户晓的一句民间格言，是希腊人民的智慧结晶，后来才被附会到大人物或神灵身上去的。

§ 认识自己才能把握自己

古人说："临渊羡鱼，不如退而结网。"当青少年认识了自己之后，就应当坚定起来，让自己变成一个有思想、有韧性、有战斗力的强者，为了祖国的繁荣，为了国家的强大，为了自己的未来，在你所专长的道路上一步一个脚印地走下去。不要再犹豫，不要再迟疑，再观望几年，

人家已经做出成绩来了。虽然说，只要认定、只要开始就不算晚，可是，人生能有几个十年供你挥霍。人的生命是有限的，早一天总比晚一天要好得多。

英国著名诗人济慈，他本来是学医的，可是后来无意中，他发现了自己有写诗方面的才能，所以，就当机立断改行写诗，而且在写诗的过程中，他很投入的用自己的整个生命去写诗。很不幸，他只活了二十几岁，但是，他却为人类留下了不朽的美丽诗篇。

马克思在年轻的时候，也曾想做一名伟大的诗人，也努力写过一些诗。但是，他很快发现在这个领域里，他不是强者，他发现自己的长处不在这里，便毅然决然地放弃了做诗人的想法，转到寒舍科学研究上面去了。

试想一下，如果上面的两位大师都没有正确地认识自己，看清自己，那么英国至多不过增加一位不高明的外科医生济慈，德国至多不过增加一位蹩脚的诗人马克思，而在英国文学史和国际共产主义运动史上则要失去两颗光彩夺目的明星。所以，要认识自己才能把握好自己。无论做什么事情都要切切实实、脚踏实地去做，大而无当、好高骛远的想法一定要排除。

认识自我，就是要客观地评价自己，既不高估自己，也不贬低自己；认识自我，就是要认识自己的优势、劣势、自己的与众不同和发展潜力；认识自我，就是要认识自己的生理特点，认识自己的理想、价值观、兴趣爱好、能力、性格等心理特点。

在社会生活中，如何塑造自我形象，把握自我发展，如何选择积极或消极的自我意识，如何正确地认识自我、肯定自我，将在很大程度上影响或决定着一个人的前程与命运。所以，青少年朋友，要想在社会上立足并有所成就，就必须对自己有一个全面而深刻的认识。只有清楚地

知道自己想做什么？能做什么？做了会付出什么？付出之后会得到什么？才能更理智地去面对人生中的多项选择。只有认识了自我，才能开发出更大的自我潜能，才能发展自我，超越自我，升华自我，从而达到一个全新自我的境界。

§ 善待自己，认识自己

人最高的智慧就是认识自己，这个世界上有很多人企图认识自己，他们不惜解剖自己，对生命的各个部分详细研究，直到生命的最初的形态，或是野兽，或是天使。

生活中，我们每个人都有优点和缺点。我们需要多认识自己的优缺点，常留意自己的言行，检讨自己的行为和习惯，待人处世的态度等。同时观察别人的行为，学习他们的长处，以弥补自己的不足。

到了今天，人们不得不承认，“认识自己”这个目标还远远没有实现。在现实生活中，如果自我被扩大，就容易产生虚荣心理，形成自满和自我陶醉。这种人喜欢炫耀和哗众取宠，不能客观地评价自己。如果自我被贬低，就容易产生无能心理，认为自己无用，一无是处。这种人本来可以才华出众，成绩超群，却由于自我贬低，“非不为，是不能也”的自欺欺人的自我退缩伤害了自我。

认识自己是与生俱来的内在要求和至高无上的思考命题。

有句古语说：“画龙画虎难画骨，知人知面不知心”。人心难测，知人难，为人知更难。而要知己，则是难上加难。所以有“人贵在自知之明”之说。

诚然，一个人要想真正地了解自己，认识自己，又谈何容易？一辈子不认识自己而做出了可悲之事的大有人在。在今天，还有很多人正是

由于不认识自己，不充分理解今天这个社会中的情况，而受不得一点点挫折、打击，悲观、失望、苦恼、抱怨、彷徨，终日在唉声叹气、无所事事中把时光轻易地放走。

古人云："知己知彼，百战不殆。"西方人说："自己的鞋子，自己知道紧在哪里""不会评价自己，就不会评价别人"。希腊人说："最困难的事情就是评价自己。"可见，认识自己是一个永恒的话题，在古今中外都十分受到重视。

但是，认识自己并不是一件容易的事，需要对自己有一个最起码的认识，是做人的一个最起码的要求。而对于有些人来说，自己是什么样的人，只有自己不知道。由于难得有一个真实的参照系来评估自己，所以，我们往往能够很自信地干傻事。

认识你自己吧！虽然这是困难的，然而，一个人要想有一番作为，正确地认识自己是一个最基本的要求。或者，你可能解不出那样多的数学难题，或记不住那样多的外文单词，但你在处理事务方面却有特殊的本领，能知人善任、排难解纷，有高超的组织能力；你的数理化也许差一些，但写小说、诗歌却是个能手；也许你分辨音律的能力不行，但有一双极其灵巧的手；也许你连一张桌子也画不像，但是有一副动人的歌喉……

在认识到自己长处的前提下，扬长避短，认准目标，抓紧时间把一件工作或一件事情做好，久而久之，自然会水到渠成。鲁迅也说过："即使是一般资质的人，一个东西钻研上10年，也可以成为专家，更何况它又是你自己的长处呢？"

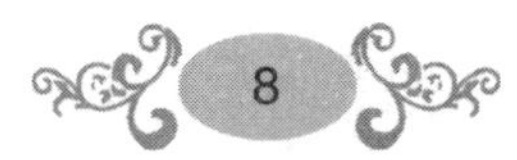

2 扮演好自己的角色

在五彩缤纷的生活当中，每个人都在扮演着不同的角色，每个人都有自己的位置，每个人都会在自己的天空下展翅翱翔，创造价值。然而价值有大有小，创造大价值是人们的追求，如何创造大价值，是不是一定要谋高位，居人上呢？不是，绝对不是。因为不是每个位置都适合自己，也不是所有的位置都属于任何人，只是其中一个有适合自己的位置，只要你扮好自己的角色。

在生活中，没有旁观者的席位，每个人都有适合自己的位置，只有找准了自己的角色，才能创造出无穷的价值。

生活中扮演好角色很重要

生活中扮演好角色很重要。在家里，我们的角色是父母的子女，我们就有尊敬父母的责任，你做到了吗？在寝室，我们的角色是室友，你有不打扰他人的责任，你做到了吗？作为值日生，我们有认真完成值日工作的责任，你做到了吗？作为班干部，我们有管理班级纪律的责任，你做到了吗？

作为青少年，要常常扪心自问：我对得起自己的角色吗？也许，现实生活的残酷让人觉得很无奈，有时你不得不戴着面具来跳舞。然而，窥探一个成功人的履迹，无一例外，他首先必须扮演好自己的角色。“一屋不会扫”的人，自然也“扫不了天下”。所以，走进茂密的森林，你只要无愧地做了丛林中最挺拔的一棵；在波涛汹涌的大海面前，你只要无愧地把自己化作浪花里最纯净的一滴水珠；抬头仰望辽阔无边的蓝

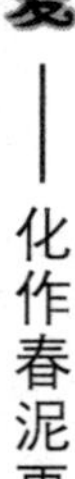

天，你只要毫无愧疚地让自己变为云层中最祥和的一朵……这样的人生便足够了。

王强是初三某班的学习委员，成绩处于班级上游，不仅乐于帮助人，而且很有责任心。身为班级的学习委员，在学习上对周围的同学向来是热情对待，只要谁学习上遇到困难，他会立刻去帮助，并且一帮到底。有一次，学校举行“一帮一”活动，就是说班级里学习成绩好的同学各帮助一个学习落后的，大家来共同进步。

作为学习委员的他，这时候起着关键作用。恰在这时候，王强要参加省里举行的数学竞赛，时间对他来说很重要。他的班主任告诉他，让他一心复习数学，不要管活动的事了。然而，王强却拒绝了，说道：“我身为学习委员，就一定要扮演好自己的角色，会把时间调整好的。”

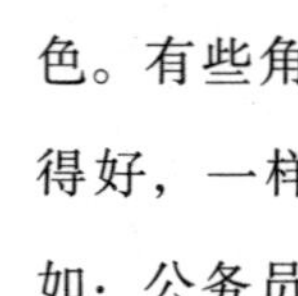

曾几何时，少年时的理想一点点褪色，现实让你们变得很无奈。然而，这就是生活，是成长的代价。人生就像一个舞台，每个人都扮演着不同的角色。把自己的角色扮演好了，你的人生也就相对成功了。所以，每个青少年都要忠于自己的角色。每个阶段，你都在扮演着不同的角色，每个角色都有它的喜怒哀乐，忠于你扮演的角色，享受角色里的一切，包括迷茫和痛苦；而一旦转换角色，就要尽快脱身，忠于新的现在时。每一份角色的背后，都有它的意义，它的苦楚，它的瓶颈期。很好地读懂自己，扮演好属于自己并且有能力实现的角色，即使暂时或者很长一段时间你处于一个自己不喜欢或者超出自己能力的角色位置，也应该学着去适应和享受这个角色。

毕竟，每个人扮演的角色不一定都是自己选定的、自己所喜欢的角色。有些角色不管你喜不喜欢，你都必须无条件扮演下去，只要你扮演得好，一样可以收获成功。可以说，每个人扮演的角色都很重要，譬如：公务员有做公务员的游戏规则，他们必须服从上级安排，搞好上传

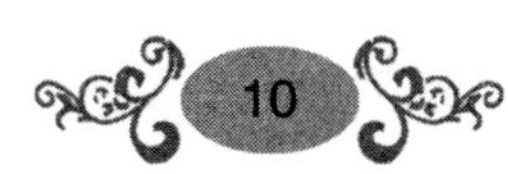

下达，做好本职工作；工人有做工人的游戏规则，他们必须按工艺流程生产，保证产品质量；农民有做农民的游戏规则，他们必须按季节耕种、收获，并做好农作物施肥、杀虫等；商人有商人的游戏规则，他们必须合法经营、照章纳税。如果你不遵守这些游戏规则，你就无法扮演好你的角色，就无法体现出你的价值，也就无法体会生活的意义。

之所以要扮演好自己的角色，就是因为它对于人生是必不可少的一门功课。所以，学会享受它的喜怒哀乐，时刻准备着蜕变。每一个角色背后都自有艰辛，学会品尝这份艰辛，也是一种痛并快乐着的成长经历。

§ 如何扮演好自己的角色

在人生这个大舞台上，每个人都扮演着自己不同的角色，忙忙碌碌地做着自己该做的事。在漫长而又短暂的中学时代，你们扮演的最重要角色就是学生，因此你们每个人都要对自己的角色负责，无论是今天还是明天，唯有认真地对待，才不会留下难以弥补的遗憾。

在这个大千世界里，大到宇宙小到飞扬着的尘埃与泥土，对这个世界都起着举足轻重的作用，它们找到了适合自己的位置，并用自己的努力创造价值。

那么，怎样才能扮演好学生角色呢？其实，很简单，就是要认真学习、刻苦钻研，遵守校纪校规，在学校的舞台上充分秀出学生的风采。

作为青少年，我们应当明白，没有规矩，不成方圆。学校规章制度建立并执行的目的不是限制自由、约束个性，而是为了维护正常的教育和教学秩序，维护学生生活与学习的权益，并为安全提供保障，提高同学们守规守法的自觉性，这才是校纪校规的实际意义。事实上，一个没

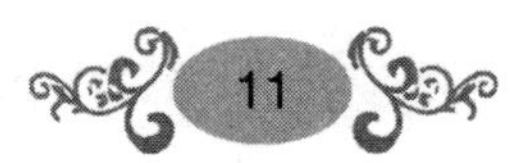

有纪律和规则约束的地方是绝对没有自由可言的。所以，我们的所作所为必须以遵纪守规为前提，不要盲目作为，否则必将为此付出代价。

一旦你们用自己的理性和知识真正理解和认同规则之后，那么规则和纪律就不再是一种来自外界的约束自己的枷锁，遵规守纪就不再是一种强迫的任务，它就变成一个利己的选择，一种道德的义务。这样，你就可以扮演好自己的学生角色，就可以让真正的自由在有纪律的秩序中尽情发挥，让积极的个性在有规则的环境里得到张扬。

既然我们扮演的角色是学生，在学校，就应该有一个学生样子。作为青少年，其主要目的是学习，衣冠整齐，干净就足够了，多放一些精力在学习上才是最重要的，根本没必要去最追求名牌服装、鞋、染发等，更不应该存在攀比的心理，而且学生所消费的费用来自父母的血汗钱，所以就更应该理智地消费了，不能盲目地花钱，在以后的学习中还要积极参加一些公益的活动，提高自我实践能力，做一名全面发展的中学生。

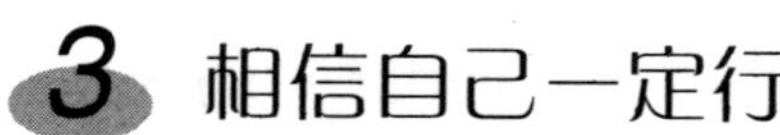

3 相信自己一定行

每个人都是自己思想的产物，胜败都由自己选择。当你遇到困难时，使自己采取积极的自我暗示，如告诉自己“我一定行”，其结果往往会使你有意想不到的收获。所以，我们要积极思考，充满信心，执着、认真地相信自己，相信你一定能够成功。

生活中很多人总是会对自己提出一大堆的疑问，“我行吗？”“我可以成功吗？”“别人都那么优秀，我怎么能竞争得过他们呢……”他们对

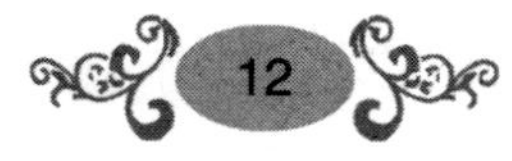

自己的能力表示怀疑，尽管他们并没有想象中的那么糟糕。但是却与那些没有多少能力却很自信的人相去甚远。为什么这么说呢？归根结底是因为他们的怯弱，不自信，给了他人更多的机遇，提供了更广阔的发展空间。

§告诉自己一定行，生活就会不一样

每个人都如同一条在大海风浪中航行的船，要敢于一次一次迎接风险；每个人更像一块等待撒播种子的土地，要相信总会有一粒适合自己的种子生根、发芽和结果。因此，面对失败，我们不应沮丧而应寻找更适合自己的成功，因为总有一粒种子是适合自己的，相信自己一定会成功。

吴薇曾是一位银行职员，根本没有什么舞台经验，但她却用自信的魅力，征服了所有的评委。2003年，她参加了环球小姐中国赛区的比赛。结果在初赛后她只得了分赛区的第四名，但她还是对自己充满了信心，还积极地参与到总决赛的培训中，把自己最好的精神风貌带到了总决赛中。终于，自信的她捧得了中国环球小姐的桂冠。

在别人问她成功的技巧时，她说自己获胜的最大优势就是自信，可见自信对成功有着决定性的作用。

不久后，在参加全球比赛的初赛中，她被排到了第17名，最后无缘决赛。这种难度可想而知，需要跨越不同肤色、不同种族、不同文化，况且东西方必然存在强烈的审美差异。但即使如此，吴薇依然没有放弃自己，她又回到了银行工作，因为她认为这里才是最为适合她的地方。不久之后，她用她的自信征服了失败，25岁的她已经是这家银行里的副经理了。

她对自己的总结是：一个人只要相信自己的能力不比别人差，带着自信的笑容和充满自信的眼光看待每一件事、每一个人，并学会宽容，在适合自己的地方，给自己足够的信心就可以在工作中游刃有余。

事例中的吴薇因为敢于展示自己的风姿，敢于跳出设定的审美模式，尽管她无缘决赛，但她却用自信又一次征服了失败，成为一个至真至纯的出色女人。

在这个处处充满竞争的社会中，我们呼吁青少年们：只有自信才能让你神采飞扬；只有自信才能使你更加光彩夺目；只有自信才能让你走向成功。而那种自怨自艾、柔弱无助的人必定失去更多成功的机会，与成功成为平行线。自信一点，只要告诉自己"一定行"，你的生命一定会变得不一样，你的人生也会因此而感到快乐，这份自信也将带领你打开成功的大门。

古人云：人不自信，谁人信之。纵观古今中外所有成功的事例，无不是以自信作为成功的基石。诗仙李白之"天生我材必有用"；美国作家海伦虽然双目失明，可却凭着对自己、对生活的信心，顽强地活下去，通过不懈地努力，最终成为名扬天下的作家；伽利略因自信，才不顾众人反对坚持自己的观点，最终推翻了亚里士多德权威的结论；拿破仑曾宣称："在我的字典中没有不可能的字眼！"才激起了他无穷的智慧和巨大的能力，成就了横扫欧洲的一代名将；第一架飞机的发明者莱特兄弟，如果没有自信面对失败、面对别人的冷嘲热讽，如何能实现飞翔的梦想。

正像莎士比亚所说："自信是走向成功的第一步，缺乏自信即是失败的原因。"无论在学习中还是在生活中，人人都会遇到各种大大小小的挫折，或学习方法不当，使人困惑；或学习枯燥，使人懈怠；或成绩不理想，会使人沮丧……而自信就好比一把智慧的钥匙，帮你顺利地开

启每一扇成功之门；自信就如黑暗中的灯塔，把你从困境中解救出来；自信就像人能力的催化剂，人前进的动力，能将人的各种潜能充分调动起来，发挥到最佳程度。

“我能行，任何事都不会难倒我”，通向成功的路谁也不可能一帆风顺，而成功者懂得带上自信，满怀希望，去面对荆棘丛生充满艰辛的道路。唯有如此，你们才能抛开所有顾虑，迎难而上，挑战自我，超越自我，坚定自己的信念，为自己的理想目标而奋斗。

§ 做一个勇于尝试的人

尝试是行动的开始，也是走向成功的第一步，勇敢地迈出这一步，成功将会变为可能。成功来自对事物的好奇心与征服的欲望，当你对一个事物产生好奇心时，你就会总想着去研究它、钻研它、探索它。但是仅有好奇心是远远不够的，还要有足够的自信心和勇气去尝试。在征服一个事物的时候，如果你可以对自己说“我能行”，那么在这个过程中你就会得到很多经验，使自己越过各种各样的阻碍，这中间当然会有引起不可料及的事情发生，但这个时候最能帮你的就是勇气与自信心。勇气将帮你迈出脚步、突破自我，自信心将帮你克服困难，战胜挫折。

伟大的发明家爱迪生，其一生就在尝试中度过的。当他对生活中的一些现象产生好奇，并产生一系列想法的时候，他首先选择的是——试着去做。他尝试着去发明电灯，尝试着发明留声机，尝试着发明蓄电池……结果均获成功。他的发明成果有2000多项，是当之无愧的“发明大王”。

如果他因小时候人们对他的嘲笑而对自己失去信心和挑战自我的勇气，从而变得自卑，那么他永远也不可能去尝试，也不可能不畏困难和

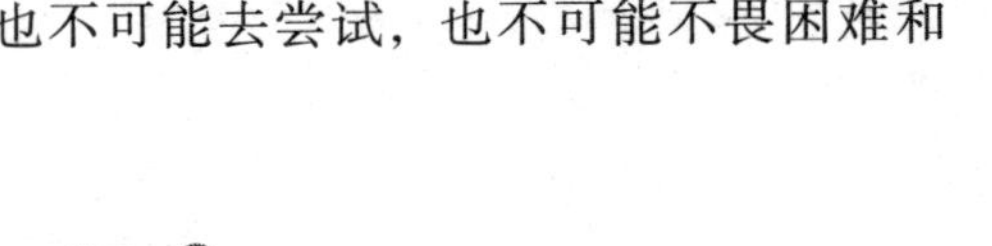

挫折创造那么多的伟大发明。谈成功，更不可能。尝试最大的敌人是半途而废。科学界的人信奉一句话：在一万次试验之后的那一次可能就是成功。这一万次，就是一万次的失败。成功就躲藏在无数次失败之后。失败的人，往往是做事半途而废、浅尝辄止的人。除了爱迪生以外，还有很多伟人和名人都在给世界的后人们上课，他们用行动，用成就向你们诉说人生的真谛，成功的秘诀。如达尔文、阿基米德、蔡伦、牛顿等，他们的成功说明了一个真理：只有想不到的，没有做不到的，只要你愿意尝试，经常对自己说“我能行”。

当然你可能在付出过后，没有相应的回报；也许你对自己说“一定行”时别人把你当作另类；也许你的自信举动使你遭到了别人的嘲笑，但面对这些你应该相信自己的路不是别人说出来的，你的成功也不是一时的得失就能决定的。告诉自己“一定行”，做一个自信的人，它将引领你在任何环境中发挥你最大的潜能，使你最大程度地取得成功，使你的人生变得多姿多彩。

4 勇于突破自我，战胜自我

生活中，每个人都有自我设限的时候，自己不愿做或者不想做的事情，心理上就有了界定：这件事我做不成！其实，说自己不愿做或不想做，说到底是不敢做。人生就像一盘棋，怎样去下，下一步要怎样去走，全由自己来掌握。也许会走错，也许会走进死胡同，没关系，只要这盘棋还没有结束，一切都有可能出现。

对于青少年来说，只有在前进的道路上，勇于突破自我，即使是失

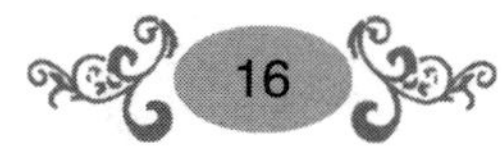

败也是一种锻炼。要做到胜不骄，败不馁，不要永远活在失败的阴影下，勇敢地去找寻失败的原因，提升自己，战胜自己，相信自己一定能把人生这局棋走得很精彩！只有勇于突破自我，才能少些不必要的烦恼与忧愁。郑板桥说："千磨万击还坚韧，任尔东西南北风。"勇于突破自我，无须犹豫！战胜自己，何需等待！拿出你的勇气来，勇往直前，永远争取吧！

§ 突破自我，克服恐惧

人生如戏，每个人都是主角，不必模仿谁，我是我，你是你，好好地活着，为自己活着。有梦想就大胆的追求！失败也不要放弃，随它花自飘零水自流。对中学生来说，真正的成功，不在于战胜别人，而在于战胜自己。

小宝从小性格就内向，自尊心也特别强，所以学习成绩一直狠好。可是，最近她总以为别人时刻都在用鄙视眼神的看她、评价她，所以她担心自己会出什么差错，否则，会让人看不起。后来，她暗恋上了班内的某个男生，但又不敢表露出自己的爱慕，还怕别人知道这个秘密。有一次，好朋友给她开玩笑说："我知道你爱上他了，你别藏在心里啦！"她一听心里急得发慌，担心别人会对她评头论足。从此以后，她见人就躲开，不愿理会别人。有人找她聊天、玩耍，她就面红耳赤、心慌意乱，而且说话也是语无伦次，最后导致一见人就担心害怕。

以上这个事例表明，小宝是由于社交恐惧心理导致她不能正常与同学交往。最终陷入困境、不能自拔。这种社交恐惧是因心理紧张而造成的心因性疾病，只要有这种心理的中学生做到全面了解自己，树立自信心；改善自己的性格；学会与别人交流；掌握上些社交技巧……只要将

这些落实到位，相信战胜不良的心理障碍指日可待。

俗语说："不会战胜自己的人，是胆小的懦夫。"突破自我，需要勇气，需要其顽强生命的活力。青少年朋友们，无论是健全的身躯还是残缺的臂膀；无论是优越的条件还是困窘的环境，大胆地拿出你的勇气，你的胆识，去克服困难，克服恐惧，克服失败带给你的消极情绪。不管你正在前行中，还是失意时，此刻不要在彷徨，不要再犹豫，对现在的你来说从失败中找出通向成功的途径才是最重要的。

只要勇于突破自己的防线就等于打开了智慧的大门，开辟了成功的道路，铺垫了自己在人间的旅途，铸成了自己的一种面对任何烦恼和忧愁的良好心态。

§战胜自己，走向成功

他出生在一个寂静荒野的村庄里，因为贫穷，常被赶出居住地，全家人不得不经常搬家。9岁的时候，母亲因病不幸去世，生活变得更加艰难。22岁时，他失业了，很是伤心，决定参加州参议员竞选，但落选了。想进法学院学法律，但因种种原因进不去。不得不向朋友借钱经商，可不到一年就倒闭破产了，欠下了巨额外债，此后的几年里，他不得不为偿还债务到处奔波。

25岁，他再次参加州参议员竞选，竟然赢了，以为从此好运就会来了。第二年，正当他准备结婚时，未婚妻不幸去世，受到打击，为此心灰意冷，而卧病在床。

29岁，竞选美国国会议员，结果没有成功，但他没有放弃，于第二年又参加竞选美国国会议员，可还是落选了。

因为竞选赔了一大笔钱，他申请担任本州的土地官员，但申请被退

了回来。几年里，接二连三的失败并没有使他气馁，而是勇敢地面对，挑战失败。过了两年，他再次竞选美国国会议员，依然遭到失败。

在他51岁时，1860年，他终于当选为美国总统。他就是一个令全世界都为之叹服的伟人——美国第十六任总统，亚伯拉罕·林肯。他战胜了生命中接踵而来的各种挫折与不幸，最终战胜了自己，登上了人生理想的高峰。

鲁迅说：“人生的旅途，前途很远，也很暗，然而不要怕，不怕的人面前才有路。”的确，在通往成功的道路上，不乏荆棘和陷阱，到处都有困难和坎坷。有人遭到了一次次失败，便把它看成拿破仑的滑铁卢，从此一蹶不振。而对于一心要取胜、立志要成功的人来说，一时的失败并不是永远的结局，在每次遭到失败后重新地站起，要比以前更有坚强的毅力和决心向前努力，不达目的决不罢休。

布伦克特说：“只要不让年轻时美丽的梦想随着岁月飘逝，成功总有一天会出现在你面前。”要坚持你的梦想，不要退缩，成功并不是海市蜃楼，那是黎明前的黑暗，因为阳光总在风雨后，请相信有彩虹！坚持自己的梦想，成功就在你的前头！

纵观古今中外的成功人士举不胜举，司马迁虽然身受宫刑，但仍不屈不挠，凭着顽强的毅力完成了巨著《史记》；海伦自小双目失明，饱受病魔缠身，但她自强不息的精神促使她写下了一部又一部脍炙人口的文学著作……战胜自己说起来容易，但是真正地做起来要比战胜别人难得多，因而战胜自己，就要有坚忍不拔的意志，要有根深蒂固的信念，要有在逆境中成长的信心，要有在风雨中磨炼的决心。不要时时刻刻把战胜别人看得太重要，最大的胜利便是战胜自己。战胜自己并非易事，所以，中学生朋友们要加强培养战胜自己的目标、决心、能力及克服困难的勇气。

卡耐基曾说："经过无数次失败以后，姗姗来迟的东西叫成功。"漫漫人生路上也正是有了成功与失败，生活才有意义。作为旭日东升的中学生，要明白成功绝非偶然，是靠艰辛的付出和耐心的积累而来，当你在一次次的失败后，又一次次地选择后，就会发现成功的坦途已经铺到你面前了。要记住，在生命中勇于突破自我，战胜自己，不要放弃自己的梦想和追求，努力向前。

5 学会时刻分析自我

青少年朋友们，你认识自己吗？当你看到这个问题时是不是感到很吃惊？不禁反问，谁能不认识自己呢？答案是肯定的，你相信吗？确实有不认识自己的人，一个人不光要认识自己的外表，还应该认识自己的心理（能力、个性、兴趣等等）。这才是真正能让你自己健康成长的前提，假如一个人连自己的能力、水平都不能做到了如指掌，那又何谈奋发向上，实现自己伟大的理想呢？

因此，学会时刻分析自我，在生活、学习中，是非常重要的一步。尤其对于处于青春期的中学生来说，时刻分析自我，对以后的成长会有很大的帮助。

§ 时刻分析自己，自省中认清自己

歌德曾说："一个目光敏锐，见识深刻的人，倘又能承认自己有局

限性，那他离完人就不远了。”如果一个人不认识自己的缺点，很容易因自负而失败；优点可能会受到缺点的影响；只看优点，不看缺点，就会导致自己根本听不进别人的一点点的意见和批评，过分地骄傲；只退不进，甚至失去了最宝贵的尊严……

现实生活中，每个人都有自己的长处和不足，甚至有别人所不具备的优势。这些在青少年中尤为常见，以上的任意一种心理都能在中学生中间找到。所以，青少年朋友要想克服这些心理上的障碍，必须要正确认识自己、评价自己。

有一个爱发脾气的妇人，与身边的邻居、朋友关系搞得很僵，为此整日闷闷不乐。为了改正自己爱发脾气的缺点，就上山庙里找老和尚求助。

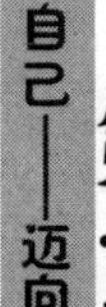

老和尚听了她的苦闷后，就把她锁到了一个柴房里面。当时，她就怒气冲天，要求放出去。和尚没理会，转身走了。一个时辰后，妇人稍微静下来，和尚问是否还生气？妇人回答道：“我生我自己的气，我为什么听信别人的话来这受罪呢？”高僧听后拂袖而去。一个时辰又过去了，妇人觉得生气不值得。高僧笑着说：“还知道什么叫不值得呀，看来心中还有衡量，还是有气根的。”

终于，大师第四次来看时，妇人抬起头说：“大师，真是奇怪啊，我现在反而并不生气了，有什么好气的呢？我想明白了：气不就是自己找罪受吗？”高僧把手中的茶水倾洒在了地上。妇人看了很久才顿悟。

其实，在这几个时辰中，老和尚是让这个妇人自省，彻底地分析自己，这时她才幡然醒悟。每个人都有七情六欲，只要有感情，就会有怒气。但是，凡事都要有一个度，要有因有果。

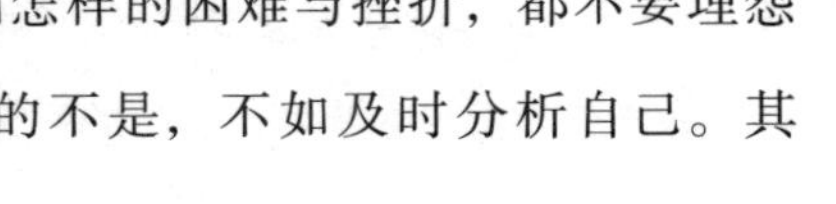

所以，青少年朋友们，无论你遇到怎样的困难与挫折，都不要埋怨造物不公，世道不平，与其抱怨他人的不是，不如及时分析自己。其

实，很多时候，困难与挫折不是由自身的原因所造成的。所以，应学会从中找原因，及时分析自己的所作所为是否正确。人总是在自我反省中认清自己。并且决定自己以后避免发生这种不该发生的事。只要你相信自己，一定会做到的。

§确认自己才使你脱颖而出

在《伊索寓言》是有这样一则故事：当年普罗米修斯在造人时，让每一个人的身上都挂两只口袋，每个人都把装着别人的缺点的口袋挂在了胸前；而那只装着自己的缺点口袋则放在了身后。结果可想而知，只要人稍微低一下头就能看见别人的缺点，而对自己的缺点却视而不见，因为他很难看到。有位名人曾说：“人本身就是带着缺点降临到这个世界上的，人生的过程就是在不断改掉缺点、完善自己的过程。因此，敢于挖掘和暴露自己的缺点是非常有必要的。”

经过几天的努力，李泽终于在人才市场找到了一份自认为还不错的工作，并和用人单位约定了面试的时间。面试开始时，李泽排在30个面试人员的第29位，而名额只有一个。当时的李泽默默地等着，眼看一个又一个满面春光地从老总的办公室走出来，羡慕得不得了。终于轮到李泽了，高兴得无以言语。“你好”老总首先打开了沉默、无比压抑的场面，于是李泽连忙说“谢谢”，问话就这样开始了。“你知道你应聘的是什么职位吗？”李泽微笑道：“销售部经理。”紧接着老总又问道：“你对一瓶白开水当一瓶高档次饮料卖，这句话有什么不同意见吗？”这些问题对做过销售的李泽简直是太容易了，李泽虽然回答得很全面、详细，但仍没有看到老总对自己的赞赏。突然，老总又问：“你的缺点是什么？”对于李泽来说，确实有点玄乎，老总怎么会问这么一个问题呢？

他该说什么好呢？这时他便想：唉，反正是没有什么希望了，想到什么就说什么吧。便脱口而出：“我很清高，不会吹牛拍马，常常目无领导，爱发牢骚，做人过于死板，常与世绝迹，显得很是格格不入……但是有一点，这些缺点都是别人告诉我的。到如今，除了不爱做家务外，我不太明白还有什么更大的缺点。说句真话，有的时候连我也说不清楚。”听完李泽的一番话后，老总露出了笑脸，频频点头：“其实，一个人要想找他人的缺点很容易，但是找自己的缺点却不是那么容易。有的时候别人认为是缺点的往往是你身上最大的优点，而有时候自己认为是优点往往是最大的缺点，仁者见仁，智者见智。李先生，你很实在，也很坦诚，我们公司就要需要像你这样的优秀人才呀，欢迎你加入我们公司。”李泽怎么也想不到，他竟然成了30位面试中唯一的幸运儿，他被聘用了。

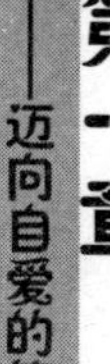

无数事实告诉我们，要想发现自己的缺点，就必须进行深刻地自我剖析，只有这样你才能在同等阶层中脱颖而出。尤其是当代中学生，因为此时的你们正处于心理完善、处事待物最重要的阶段。做到正确地自我剖析，不只是简单地找出优点、缺点，更重要的是要把自我剖析的“手术刀”滑向心灵的深处，对心灵进行一次大规模地追问：我的缺点是什么？它跑到哪里去了？明天的我将如何去努力改正这些不足？

青少年作为21世纪新生的太阳，更要了解自己的性格优势与不足。要学会扬长避短，以此来增加自己的自信心。正确认识自己，就要以全面的、发展的眼光来看待自己，只有这样，才能完成自己的目标事业……

6 走自己的路，让别人说去

生命是父母给予的，环境是先天注定的，而人生却是自己的，精彩与否，成功与否都要靠自己去创造，自己的人生要由自己负责。莎士比亚曾说："走自己的路，让别人说去吧。"说的就是人要为自己而生活，不要活在别人的标准里，为别人的看法而去改变自己，这是很愚蠢的事。人活着不是为了别人，要敢于坚持自己所坚持的，相信自己所相信的。

为自己而生活就是：要为了自己的快乐、兴趣和人生目标而努力，不活在别人的价值观里；要善于发现自己的兴趣和特点，并在属于自己的道路上不断超越自己，追求成功，为自己能展翅高翔赢得一片属于自己的天空。

§坚持己见，活出精彩

余秋雨说："很多人总是很在意别人的手指，在意他们对你伸出的是大拇指，是食指，是中指还是小拇指，并以此来评判自己的行为，或左右自己的心情，其实没有必要，不要太在意别人的手势，权当他在做运动就好了，只要自己觉得无愧于心就好。"

很久以前，一对爷孙俩用驴驮着货物到镇上的集市去卖。很快货物就卖光了，爷孙俩高高兴兴地往回赶，孙子骑着驴，爷爷在旁边跟着

走。刚出集市没多久就遇到两个老妇女，她们说："看这孩子真不像话，自己年纪轻轻的骑着驴，却让一个老人在地上跑。"老人听后连忙喊停，让孙子下来，然后自己骑上去，得意扬扬地继续上路了。又走没多远，一个孩子看见了，很生气地说："怎么会有这样的爷爷，自己骑驴，却让年幼的孙子跟在他后边跑。"老人想：这也不是，那也不是，那要怎么办？突然，他灵机一动，弯腰把孙子也抱上了驴，两人一起骑着驴回家。可还没起步，迎面就走来一个中年人，他摇着头自言自语地说："两个人骑一头小驴，也不怕把驴给压死了！可怜的生畜啊！"老人听了和孙子一起下来，爷爷、孙子、驴，各走各的。本想不会再招来议论，谁知他们在路过一片菜园时，几个种菜的看见了，说："有驴不骑，如今这世上还有这么笨的人哪！"爷爷摸摸脑袋，看看孙子，不知道怎么做才好。最后，爷孙俩找来绳子和木棍，把驴的．四脚绑起来，用尽九牛二虎之力抬着驴往家走去……

驴是用来供人使唤的，故事中的爷孙俩最后反而是用尽牛虎之力将驴抬了回去。驴虽然不用劳累赶路了，但也没能好受了，两个人反而倒是很累。这是一则寓言小笑话，在引人发笑的同时也让人沉思。人言可畏，但人言更需要鉴别。别人的意见有时只能作为参考，如果每个人的话都要听，那么自己也将无所适从。其实，只要自己认为是对的、效果是好的、过程是开心的、结果是满意的，根本没必要太在意别人的看法。

这也给当代青少年一个很好的警示，要知道最了解自己的人还是自己，旁人看到的只是一个片段或表象，没有一个人能完全的了解别人，他们仅仅是根据自己所见的不全面状况，说出自己的意见而已。如果太在意的话，只会影响你自己的决定，即使你按一个人的说法去做了，在另一个人看来你的所作所为还是错的。每个人看问题的角度都有所不

同，所以得出的结论也不尽相同，因此不管爷孙俩做出何种选择，在有些人的眼中都是错的，既然如此，还不如按自己的想法去做，勇敢地坚持自己的看法。

不论现实是怎样的，人要有最起码的一点“自负”，这样才能有负责人生的心力与霸气。只有相信自己，靠自己才能撑起头顶的一片天。如果连自己都不相信自己，成功怎么会青睐你呢？你可能拥有满腔的热情与才能以及崇高的理想，可是你不能相信自己，不能放心地把自己交给自己，那你永远也无法成功，永远也无法征服世界！

§人生路，自己选择，自己走！

人生的路上有很多的岔口，但其中也许只有一条是通往成功的路。选择时，要么自己根据个人情况来选择，要么就听从别人的建议，走别人为你选择的路。但是，如果自己不为自己的人生搏一回，是不是有一些遗憾呢？再说，并不见得别人的意见就是正确的，有很多失败者就是因为他们在犹豫之后选择了别人为自己选择的路，他们太在乎别人的看法，而不相信自己的判断。然而，别人挑选的终究不是自己熟知的，即使一路荆棘，一路伤痕，你也无力怨恨，因为这也是你的选择，你选择了别人的选择，而狠心地否定了自己。如果不能走出别人的阴影，那么你永远也无法真正感触到不远处阳光的照射，也许那就是成功的呼唤。

生活中，你做的每一个决定、每一件事，可能都得不到别人的一致认同，也不可能得到所有人的赞同。但是不能因为这样而不去做，当然，别人的意见固然重要，可能很多还是忠言逆耳，但思想终归是自己的，对与错，可行与不可行，自己应该有判断的能力。因此对别人的看法不要过分在乎，过分在乎就是对自己没有信心的表现。中学生做事时不要总是瞻前顾后，一味地犹豫浪费时间，害怕说错话、办错事，如果这些问题得不到及时的改善，那么，长大以后也会养成畏首畏尾、底气不足的不良习惯，这样既失去了展现自己才华的机会，也会与成功失之交臂。因此，不如在学生时代就努力改正过来，培养个人自主能力与判断能力。

成功者一般都是善于坚持的人，他们对于脚下的路充满了信心。希腊有一句名言：“经常问路的人，容易迷失方向。”所以，凡是成功者从不随意听从别人。他们也不为大多数人的意见所左右，常常自己制订计划并付诸行动。失败的人大多只会在事后去后悔当初的摇摆不定，因此错失了大好机会。寻求成功就好像是在挖金矿，开采地点一旦选定就要用心去挖，也许别人会告诉你那是白费功夫，但你要做的只是坚持。你要相信自己不是毫无根据地找一片废地来采金的，也许再坚持一下，你就会看到地下闪耀着的金子的光芒，如果放弃，也许你离成功就只差那几毫米或几厘米的距离。走自己选择的路，过快乐自在的人生，在永远的激情中去攀登高山，向顶峰行进。

路，自己选择，命运，自己去改变；路，在自己脚下，命运，把握在自己手中。而手与脚都长在自己身上，何必让别人去左右自己呢？天生我材必有用，每个人都应该是自己命运的主宰者。当然，相信自己并不是盲目执着，一意孤行。也并不是要你完全排除别人的意见与看法，凡事都必须有个度，既不能过于自负，也不能盲从。别人不会为他们的言行负责，也不会为你的失败负责。相信自己，把握机遇，人人都有机会成功！

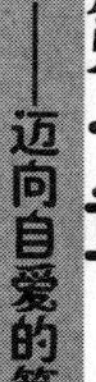

7 责任心——自我认知的起点

高尔基说："人需要责任感，就像盲人需要明亮的眼睛一样。"朗费鲁说："我们命定的目标和道路不是享乐，也不是受苦，而是行动和责任。"

每一个人在自己的生命中都是主角，但是在别人的生命里也扮演了不同的角色，不论哪一种角色，都代表着一种责任。社会、家庭、学校等舞台中，作为一名社会成员，作为人之子女，作为学生，也承担着许许多多的责任。对于自己要有强烈的责任心，自己的人生要自己负责，不要总想着依靠别人；对于身边的人也要有责任感，即使他们只是你生命中的过客，你也要对其在你生命中曾留下足迹而感恩。有时候，感恩就是一种责任感的体现，有时候，尊重也是一种责任感的体现，有时候，对自己负责便是对他们的责任感的体现。

§ 对自己要有责任心

罗曼·罗兰说："一个人的责任感越崇高，生活就越纯洁。"培根说："责任好比宝石，它在无数光影的照耀下显得更加灿烂。"

青少年身上不仅寄托着家庭的希望和幸福，而且国家与民族的未来也寄托在自己身上。应当充分发挥自己的智慧，用自己的汗水，去实现自己的人生理想，体现自己的人生价值，做一个有益于社会、有益于他

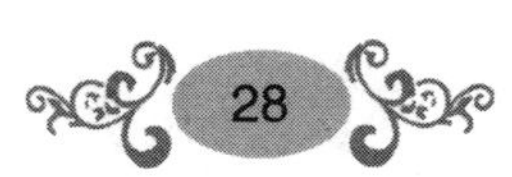

人的人。有时候，做好你自己，就是对别人负责，有时候，你的成功，就维系着对祖国的责任感。

著名的爱尔兰作家克里斯蒂·布朗，在幼时就身患脑瘫，有口难言，全身只有左脚听使唤。对这个小生命的降临，他的父母是既惊喜又伤悲。布朗长到五岁还不会走路，也不会说话，身体也不能活动，父母带着他四处求医，却无济于事。一次，妹妹和布朗玩，看到妹妹在地上用粉笔写字，布朗突然兴奋起来。他使劲伸出唯一听使唤的左脚，将粉笔夹到指缝里在地上写下了生平写的第一个单词“mother”（妈妈）。这让布朗的父母欣喜若狂，之后他们用自己的努力给了布朗和正常人一样的教育内容，布朗以自己的聪明才智很快学到了很多知识。他虽然身残，但是志不残，最后他凭借着才能与毅力，加上持之以恒的努力，成功地学会了用左脚做一系列的事情，如打字、画画、写作诗文等，充分发挥了自己唯一的肢体功能。

布朗21那年，他正式出版了自己的第一部自传体小说《我的左脚》。他在自传中，向世人宣告，“我的左脚支撑起了我的整个生命，我的左脚在创造着不屈不挠的生活。”之后，他创作了很多的作品。在他短暂的一生中一共创作五部小说，三本诗集先后问世，他以真挚的感情、深刻的哲理、动人的故事和诗一般的语言震动了读者和文学界，成为爱尔兰最有名的诗人和小说家，创造了爱尔兰的神话与奇迹。

布朗用惊人的毅力对他残缺的人生负责，认真地完成了上天交给他的苦难作业。面对不公的待遇，他并没有表现出对这个世界的愤恨，也没有因此而选择逃避，而是选择勇敢地面对。也许是上帝想弥补自己的过失吧，它虽然没有给布朗一个健全的身躯，却赋予了他智慧和灵巧的左脚，布朗就以此来完成所有想做的事情，让全世界的人都对他肃然起敬。

能够做一个健全的人是幸福的，这是布朗给予人们的警示。中学生要从小就明白生命赋予你们的意义，任何成功的取得都不会是一帆风顺的，对正常人况且如此，更不用说对于像布朗这样大脑有残疾的人了。人成长的过程就是一个不断承担责任的过程，在承担责任时，应该学会如何用好的方式来承担，合理分配自己的时间，让自己不仅付出该付出的，而且还能得到自己应该得到的，享受承担责任的快乐。很多情况下，责任不是可以自主选择的，但是却可以自主地去做、去把握，从而掌握自己的人生。

§ 对他人要有责任感

一个理发师每天上班下班，努力过着自己的生活。一天，他接待了一个身着破旧衣服的老者。理发师对老者上下打量了一番，见他穿着很随便，而且看起来很肮脏，觉得他好像是个乞丐。理发师宁愿不挣钱也不想给这个老乞丐剪头发，连他的头发也不想碰，但是开店做生意，即使有满肚子的不愿意他也得笑脸相迎。于是理发师强忍着心中的不愉快，随随便便地给老者剪了剪头发。结账时，老者伸手从口袋里胡乱抓了一把钱交给理发师，便头也不回地走了。理发师转身一数，不由得乐了，那傻老头儿多给了好多钱呢！

过了一个月，那老者再次踏入理发店，理发师一眼就认出来了。于是客气地接待，上心理发，热情地问他对发型有没有什么要求，直到老者满意为止。这两种截然不同的态度并没有让老者感到吃惊。到了结账时，老者从口袋里拿出一把钱，认真地数了数，一分不少，但一分也不多。这让理发师觉得很奇怪，便开口问原因。老者笑着说：“上次你不负责任地胡乱给我剪了头发，我就胡乱地付钱给你，这次你很认真地给我剪，所以我也很认真地付钱给你。”

不要认为别人的生活与你无关，很多时候自己的人生是与别人分不开的。作为一名理发师，就必须为自己的工作负责，为顾客的形象负责。也许就因为你玩世不恭的态度，别人会因此而受到不必要的伤害。中学生更应该将责任感作为自己奋发向上的动力，在父母为你辛苦工作的时候，当老师为你在讲台上挥汗如雨的时候，你就注定了这辈子要和责任感不离不弃。责任感并不局限于上级对下级，长辈对晚辈，对同学、学校、社会以及周遭的环境卫生，都不能坦然的去做一个局外人。

要有责任感，首先就要了解什么是责任？所谓责任就是一个人应该做的和不应该做的事情。你既然生活在这个社会里，那就要在学会对自己负责的同时，也学会对国家社会负责，对别人负责。每个青少年都应该努力做一个尊敬老师，尊重同学，孝敬父母，做一个有益于社会，有益于他人的人，唯有这样才能受到他人的尊敬，才能得到社会的承认，才能在未来的人生道路上越走越宽阔。

8 给自己一个准确的位置

人生在世几十年，如果没有一个准确而清晰的定位的话，会让自己走很多的弯路，甚至于遭受更多的挫折。

在生活中，每个人都有自己的位置。纵观一个人的一生，从幼儿、童年、青年到中年、老年，这些位置都在变化之中。现在的我们还是学生，给自己找一个准确的位置，是为今后的人生找一个更好的属于自己的位置。

§ 合适的位置，成就人生的追求

漫漫人生路，要给自己一个准确的位置：即不自高自大，也不悲观失望。

如果你没有足以炫耀的出身，没有令人羡慕的家庭，没有生活无忧的境遇，不要悲观，你要用清醒的头脑，淡泊的心情去认识人情世故。一切幸运并非烦恼，一切厄运并非没有希望。不要抱怨自己的命不好、自己没有能力，深沉的叹息、悲哀的泪水，对自己耿耿于怀，何必呢！要时刻相信自己有一双发现自己亮点的眼睛，不要拿自己的短处与他人的长处去做比较。对生活要有希望、有追求，在困难面前要坚强地挺住，挺过去之后，你就会发现前面就是柳暗花明的下一站。

要想自己有一个伟大的人生，必须搞清楚自己需要什么？也就是你想收获什么？

一个人的发展在某种程度上取决于自己对自己的评价，这种评价也就是为自己找一个合适的位置。在心目中你把自己放到什么位置上，你就是什么。因为这个位置决定了你的人生，也改变了你的人生。

一个乞丐在地铁出口处卖铅笔，一名商人路过，向乞丐杯子里投入几枚硬币，匆匆而去。过了一会儿，商人又转回来取铅笔，并对乞丐说："对不起，我刚才忘记拿铅笔，毕竟你我都是商人。"几年之后，商人在参加一次高级酒会时，遇到一个衣冠楚楚的商人向他敬酒，这位先生说，他就是几年前在地铁处卖铅笔的乞丐。他生活的改变，得益于商人的那句话：你我都是商人。这个故事告诉我们：你把自己定位成什么样的高度，你就会成为什么。当你定位于乞丐，你就是乞丐；当你定位于商人，你就是商人。

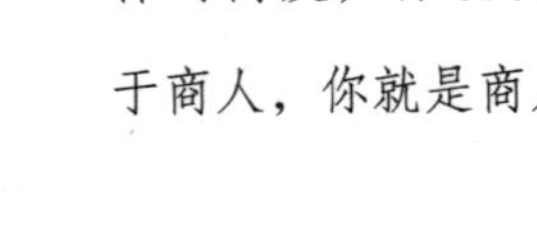

12岁的福特，他在头脑中构想着一种机器，它能够在路上行走时代替牲口和人力。而这时候，父亲和周围的人都要他在农场做助手。如果他真的听从了父亲与家人的安排，世间便少了一位伟大的企业家。但他幸运的是，福特坚信自己能够成为一名机械师。于是他用一年的时间完成了其他人需要3年的机械师训练，随后又花两年多时间研究蒸汽原理，试图实现他的目标，未获成功；后来他又投入到汽油机研究上来，每天都梦想制造一部汽车。

天道酬勤，他的创意发明得到了爱迪生的赏识，并邀请他到底特律公司担任工程师。经过10年的不懈努力，在他29岁时，他成功地制造了第一部汽车引擎。福特的成功之路，虽然和他的勤奋努力分不开，但是也不能不归功于他对自己的准确定位为前提。

从另一个方面来讲，给自己定位置也要定的合适，如果定的不切实际，或者没有，一种健康的心态，也不会取得成功。

综观当今世界，一成不变的事情非常罕见。每天都有奇迹，每件事情都在变动，作为一个特定的个人，很难墨守成规，不求进取的。所以，假如你自视颇高，不妨将当前的位置当作一个阶梯，不断地向更高的位置努力。假如你胸无大志，不妨将自己的位置降级，不期有成但求无过。

无论是工作还是学习，超越定位，便是超越自我，但是，超越自我并不容易，盛气凌人属于有勇无谋者，知难而退属于有谋无勇者，意志坚定、目标明确而又合理“定位”才是勇谋双全的赢家。

找到自己的位置指导人生

给自己找准定位，是指引人生道路的“北极星”，照着方向前进。

如此这般，在生命中的每一个阶段，都有一个位置存在。位置并不复杂，在提升生命质量的过程中，位置都是由低到高，慢慢地循环渐进的，每个位置都有自己的表现，不能逾越，不能跳级。

在懂得了这些以后，再给自己定位，就有了一个准确的方向。因此，一个人要善于把握分寸，需要谨慎，加上持久的努力，这样你才能在人生大舞台上演好自己的角色。

《三国演义》中，刘备被吕布击败后，投奔曹操。但又恐被曹操谋害，他就在自己住处的后花园里，惹花弄草，种菜度日，以示他的胸无大志。就这样，他逃过了在曹操身边的一劫。试想，他若自恃以皇叔的身份自居，骄奢起来，不要说成就一番霸业了，恐怕早就命丧曹操之手。

有这样一个人，他为了生活想砍一棵大树来换够多的钱养活家人。来到森林里面，他到处寻找，终于发现了他理想中的目标。他满心欢喜地用三天工夫砍倒了这棵树，最后却发现自己根本就带不走它，因为树太大了。如果在寻找目标的时候，他找的是一棵自己能扛得走的树，也许早就扛走了，用卖树的钱买了粮食，正与家人围在饭桌前谈天，在欢笑里等待饭熟。

这个人的心很大，但是却忘记了自己的力量很小，于是，悲剧就发生了。他错就错在没有给自己一个准确的定位。许多人一生都在瞪大眼睛寻找财富，他们贪婪地想把世界上每一样美好的东西都揣进自己的怀里，不料辛辛苦苦忙碌了好一阵子到头来却两手空空。真正有智慧的人懂得收敛内心的欲望，只选择自己够得着的果子去采摘，而不会把自己的小聪明当成智慧。

每个人都有属于自己的位置，但要想找到适合自己的位置，就不是那么简单了。只有找到自己的长处，给人生一个准确的定位，才能取得真正的成功。

如果没有给自己一个准确的位置，你就可能会失败。有很多人的成功，首先得益于他们根据自己的特长来进行定位。如果不充分了解自己的长处，只凭自己一时的想法和兴趣，那么定位就不准确’就有很大的盲目性。

9 学会规划自己的人生

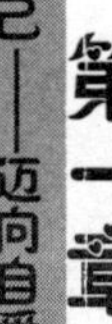

如果说人生是一条满是歧途的长路，那么你就是可以在大路上阔步行走的人，是昂首直步向前，还是误入歧途？怎样走？过怎样的人生？这完全取决于自己的选择，只有自己才能赋予生命最佳的诠释。如果说人生是一块画布，那你就是那个握着画笔的人，有五彩缤纷的颜料供你尽情发挥，你就是自己人生的设计师，要画出怎样的图案也由你自己决定。每个人都想要拥有成功的人生，然而成功需要计划，计划需要自己用心去实施和经营，早别人一步为自己的人生做好规划，为人生点亮一盏明灯，就能赢在人生起跑点上，早一步到达终点。人生规划是新时代的潮流，是现代人的课题，生涯规划越早越愈好，胜算也越大，尤其是当代的青少年们，不但要做好人生规划，还要努力让自己活出快乐的人生，将计划变为现实。

§ 规划人生，演绎精彩

有甲、乙两个人，他们从小学到初中都是同班同学。甲是个有着雄心大志的人，他除了在校做好学生本分外，还利用课外时间阅读一些书

本以外的书籍。他一早就为自己的人生做好了规划，终极目标就是拥有一家属于自己的国际性企业。乙则是走一步算一步，他用俗话“船到桥头自然直”来解说自己的未来。虽然没有什么具体的计划，但是他的每一步走得都挺稳，一路下来，他和甲两人都考入了一所名牌大学。甲读外贸专业，乙读管理专业。

毕业后，两人又巧合地进入了同一家外企工作，由于两人没有社会经验，所以都由基层做起。甲每次都会把发下来的工资存40%到银行账户上，而乙要么不存，要么存了就会很快再取出花掉。一晃一年的时间悄然而逝，乙还是那样，尽着本分，做着本职工作，而甲则不满足于此，他总是帮助别人做事，从中学习一些东西。自此甲不断地涨薪、升职，而乙还是在原来的岗位上。之后，甲、乙还是保留其各自的习惯或者习惯的一部分，从简单地角度我们不难看出，甲、乙形成了两种不同的理念，有计划和没计划，有理想和没理想。数年后，公司实行员工入股，甲拿出自己从上学时就开始攒的钱，加上工作又存起来的有8万之多，而乙则只有2万，根据公司入股的最低要求，必须是经理级别，首付是7万。结果可想而知，乙无论从金钱还是地位都没有资格入股。而甲则不断地向自己的目标行进着、努力着，眼看他离成功是越来越近。

成功不是巧合，幸福的人生也绝对不是偶然。机会属于每个有理想，并且在为自己的理想做准备，奋斗着的人。人生是计划的过程，计划的主人是自己，计划做得具体，执行做得确实，胜算必然属于自己。如果发现自己心中对什么感兴趣，便可将其作为人生的主要目标，一旦确定就要为这个目标做好详细的规划。时刻观察自己离目标还有多远，不断地弥补自己的缺陷，不断地提升自己，使自己在规定的时间内实现理想。相信自己，因为每一个人都有追求美好生活的权利和能力，然而

这些都离不开精心的规划，只有这样才能达到自己的人生目标，实现人生的梦想。想要成功，就要从现在起认真规划好自己的人生，把计划当成一种习惯。

§ 人生与成功都离不开“计划”

洛杉矶郊区，有一个15岁男孩，给自己拟了一个计划表。在这张表格上，他列出了自己的人生计划的清单，并把它们一一编了号，总共有127个目标。如到尼罗河、亚马孙河和刚果河探险；登上珠穆朗玛峰、乞力马扎罗山和麦特荷恩山；驾驶大象、骆驼、鸵鸟和野马；探访马可·波罗和亚历山大一世走过的路；主演一部像《人猿泰山》那样的电影；驾驶飞行器起飞降落；读完莎士比亚、柏拉图和亚里士多德的著作；谱一部乐谱；写一本书；游览全世界的每一个国家；参观月球……

此后，他为此不断地努力着，按计划逐个地实现了自己的目标，当他到59岁时，完成了127个目标中的106个。

这个15岁的小男孩，就是著名的探险家——约翰·戈达德，他正是一个拥有自己的计划，并一生为之不断努力的人，最终他真正拥有了这个世界。

凡事预则立，不预则废。制订好的计划，将像一盏明灯带领你走过复习的沼泽地，头脑清晰而且应准确有信心。对于中学生来讲，做好学习生涯的规划与计划也是人生规划的一部分。中学生面对着升学的压力，面对着巨大的复习任务，制订一个详细、完备的计划是非常必需的。一个完善的计划能帮助你正确处理学习与休息、娱乐、体育锻炼的关系，能提高学习效率，做到事半功倍；反之，就会觉得时间捉襟见肘，事倍功半。

制订计划对于青少年的成长与发展是非常重要的，但计划的制订绝非易事。一份成功的学习计划，应该符合自身实际情况，有明确的目标，时间安排合理，可充分挖掘自己的学习潜力，约束自己的日常行为，既对学习有推动作用，又不会有害于身体健康。学习计划不应过简，也不必过繁，更不必为制订这份计划而耗费过多时间，计划的目标也应适中。

除此之外，如果没有一定的行动力，就算订了计划也没有用处，只不过是一张废纸而已。不按计划办事，计划是没有用的。为了使计划不落空，要对计划的实行情况定期检查。根据检查结果及时调整修改计划，使计划越订越好，使自己制订计划的能力越来越强。

计划对于人生的规划是至关重要的，如果你在计划上失败了，那你注定会在行动上失败。没有计划的人生杂乱无章，看似忙碌却是空缺的。而当你按计划进行学习获得成功之后，还可以产生一种充实感和成功感。所以，中学生应从制订学习计划开始，这是人生规划中的一部分。与此同时，值得注意的是制订学习计划的最大的功效不在于逼迫你将尽量多的时间花在学习上，而是帮助你保持自己的学习节奏，使你有规律地作息。相反，太过严格，反而会适得其反，得不偿失。

第二章

善待自己——自爱者才能自助

善待自己，调整心态，放松心灵，用自爱之心照亮人生！

有位哲人说："学会自爱，就必须抛掉心中的自卑和自负。"爱惜自己，不仅要善待自己的健康，更要学会善待自己的心情。一个不懂自爱的人往往是过于自卑的人，在生活中往往受到严重挫折，心灵创伤打击，然后慢慢地迷失自己。缺乏自爱，尤其缺乏对自己心态的善待，一旦真的遇到失败或外界的阻碍，自己未加爱护的、脆弱的自我概念就难免有崩溃的危险。

亲爱的中学生朋友，懂得善待自己的心情，才能更好地帮助自己！

1 让自己乐观起来

在日常生活中，经常会发生一些这样或那样的事，而且每个人都会遇到。聪明的人会一笑置之，因为有些事是不可避免的，有些事是无力改变的，有些事情是无法预测的；如果是能补救的，则要尽力补救；无法改变的也就坦然处之，然后调整好自己的心情去做一些应该做的事情。但有些人，每当遇到不顺心的事就会把它们长久地堆积在心里、挂在嘴上，搞得自己的心情很糟，其实，这又何必呢？

§ 烦恼的人往往是庸人自扰

既然我们想要追求幸福，那么，我们就应该选择乐观的生活态度。心态好了做起什么事才会顺心。如果每天都能保持乐观的心态，那么，我们每天的生活都是快乐和充实的。

卡尔的朋友曾经问他：“卡尔，你为什么事情发愁呢？”

他的忧虑实在让人不可思议，他觉得自己太瘦了；他觉得自己在掉头发；他怕永远没办法赚够钱来娶个太太；他认为自己永远没办法做一个好父亲；他怕失去他想要娶的那个女孩子；他觉得自己现在过的生活不够好；他很担忧他给别人留下一个不好的印象……总之，有太多太多的担忧。最后，他忧虑得了胃溃疡，无法再工作了。

于是，他就辞去了自己的工作。可是，在他辞去工作之后，他的内

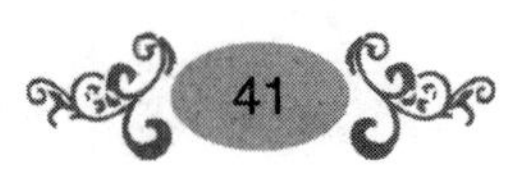

心越来越紧张了，最后像是一个没有安全阀的锅炉，里面的压力终于到了令人难以忍受的地步。事后，在他回忆起当时的感觉时说："如果你从来没有经历过精神崩溃的话，祈祷上帝让你永远也不要有这种经验吧，因为再也没有任何一种身体上的痛苦，能够超越他自己精神上的那种极度的痛苦了。

"我精神崩溃的情况，甚至已经严重到了没有心情与我的家人交谈。我控制不住自己的思想，充满了恐惧；只要有一点点声音，就会使我吓得跳起来。我躲开每一个人，常常无缘无故地哭。

"我每天都感到痛苦不堪。觉得自己已被所有的人抛弃了——甚至上帝也抛弃了我。我真想跳到河里自杀。"这也是他在当时内心的一种感受。

后来，卡尔经过一番深入的思考之后便决定到佛罗里达州去旅行，希望换个环境能够对他有所帮助。他上了火车之后，父亲交给他一封信并告诉他，等到了佛罗里达之后再打开看。卡尔到佛罗里达的时候，正好是旅游的旺季，因为旅馆里订不到房间，他就在一家汽车旅馆里租一个房间住了下来。他想找一份差事，可是没有成功，所以，他把时间都消磨在海滩上。卡尔在佛罗里达时的心情比当初在家里的时候更难过。后来，他想起了父亲给他的那封信，于是决定拆开，看看父亲到底写了些什么。父亲在信上写道："儿子，你现在离家1500公里，但你并不觉得有什么不一样，对不对？我知道你不会觉得有什么不同，因为你还带着你的有麻烦的根源——也就是你自己。无论你的身体或是你的精神，都没有什么毛病，因为并不是你所遇到的环境使你受到挫折，而是由于你自身对眼前的各种情况的想象造成了你这种状况。总之，一个人心里想什么，他就会成为什么样子。在你了解了这一切之后，就回家来吧，因为你已经医好了自己。"

§ 让我们拥有一颗乐观的心

人生最难得的就是一颗积极乐观的心。渴望人生的愉悦，追求人生的快乐，是人的天性，每个人都希望自己的人生是快乐的，充满欢声笑语的。乐观是一种积极的处世态度，是以宽容、接纳、愉悦的心态去看待周边的世界。可是现实生活并不如真空状态般简单，不如意的事是在所难免的。英国思想家伯特兰·罗素认为：人类的各种不快乐，一部分是根源于外在社会环境，一部分则根源于内在的个人心理。一个人也许无法通过自身的努力去改变自己的生存状态，但绝对可以通过自己的精神力量去调节自己的心理感受，尽量地将其调适到最佳的状态，也就是让自己乐观起来。

乐观的人都有一双神奇的眼睛，他们能够从平凡的事物中发现美，威廉·华兹华斯曾有一首诗道出了这份独特的心境："我曾孤独地徘徊／像一缕云／独自飘荡在峡谷小山之间／忽然一片花丛映入眼帘／一大片金黄色的水仙／我凝视着，凝视着——但从未去想／这景象给我带来了什么财富／我的心从此充满了喜悦／随那黄水仙起舞翩跹。"生活中不乏欢乐，欢乐更要你去用心去体会。有智者说："一个人感兴趣的事情越多，快乐的机会也越多，而受命运摆布的可能性便越少。"所以，一个快乐而乐观的人，往往也是一个能够主宰自己命运的人。

"万事如意"这个成语是人们对于朋友的一个美好的祝愿，但在现实生活中，我们是不能保证事事顺意的；但是，我们可以选择坦然面对，不要总把一些垃圾堆在心里、把乌云布在脸上、把牢骚挂在嘴上，否则你周围的朋友都会烦你，甚至不再与你交往了。人活在这个世界上，不管是花草、阳光，还是自己周围的人或事物，大家和平相处，互

相共进退，这个世界还有什么不是美好的呢？当自己遇到困难挫折时，保持一种乐观的心态，努力想解决问题的办法，如果一种方法不行，那么换一种方式，换一个心情，再大的问题都会解决的，又有什么好叹息的呢？

有句话说得好我们不能改变天气，但是我们可以改变笑脸，请展开你紧皱的眉头吧，不要陷入生活中不如意的一面而心烦意乱、情绪消沉，让我们的天天开心，改变我们的心情气氛。这种阳光就能够给我们带来好运气，也会使自己成为一个快乐的发源地！

2 失败是成长的机会

在传统的观念里，失败的确是让人感到沮丧的，甚至是让人感到耻辱，感到有伤自尊心，失败者也总是很难摆脱痛苦迷茫、忧郁自卑的心情，尤其是对于心智尚未发育成熟的青少年来说，失败总是让他们陷入痛苦无法自拔。

不过，失败难道真的只能用这些令人悲观的词语来形容吗？绝不是这样的。乔·吉拉德说：“每一次的失败都会增加下一次成功的机会。”可见，失败就是成长的机会，成长就是走向成功的过程。

如果说人生像一幅画，那么画中的景物便是由各种成功与失败为色彩而绘制的，其间有令人黯然神伤的山重水复，这是失败涂抹的阴霾；但也有令人振奋的柳暗花明，这就是成功描绘的彩虹。倘若少了其中任何一样，那么这幅画便会显得有些缺憾了，只有成功和失败并驾齐驱，人生才会充满丰富多彩的内容。

青少年千万不要排斥和抗拒失败，要敢于大胆地迎接它，失败不仅是一次情感的升华，也是一次人生的转折点，是一场人生的洗礼，更是成长中的挑战和磨炼。经历了失败之后，你的思想便会开阔许多，心灵便会成熟许多，然后用更好的姿态来迎接下一次的挑战，这样的失败，难道不是美丽的吗？

§ 直面失败，柳暗花明

“失败是成功之母”，这句名言很多青少年都听过，但真正理解并做到的人却是屈指可数。现在的青少年生活在和谐的社会背景中，成长在温室般的家庭环境下，几乎没有遭遇到过较大的失败，或者说他们的人生还没有开始经历失败。因此，稍微有一点不如意就容易心灰意冷，失去斗志。其实大可不必这样，因为一次的成功是由千百次的失败累积起来的。青少年不要把失败看得如同豺狼虎豹，换个角度来品味一下，就会发现其实失败也是一种美丽。

不经历风雨，怎能看见美丽的彩虹？伟大的发明家爱迪生一生中也经历了无数次的失败，当年，他发明电灯时，曾经过找出一种耐用的灯丝材料做了将近 8000 次的试验，就连他的助手也从最初的满腔热情而变得丧失了信心，劝他不要再发明了。但爱迪生却并不以为这是浪费，反而风趣地说道：“我为什么要放弃呢？虽然我失败了 8000 次，但这至少可以证明这 8000 实验是行不通的，每失败一次就等于向成功迈进一步。”结果是奇迹出现了，爱迪生以他不怕失败的精神，战胜了一次次的失败，发明了现在的灯泡。这就是爱迪生对待失败的态度，他知道从失败中吸取教训，总结经验，把成功建立在无数次失败基础之上。

其实，每个人心中都有一种潜在的、下意识的失败感，不被这种感

觉影响的人往往是最后的成功者，而被这种感觉控制住的人则难逃失败的厄运。诚然，失败会让人痛苦，但却让人有所收获，而这种收获让人受益匪浅。因此，青少年必须学会笑看失败，正如有人说的“想要获得一千零一次的成功，就必须笑看一千次失败”，这种颠覆传统的思维方式，能使人从失败的深谷走向成功的顶峰。

成功是每个人奋斗的目标，但失败也是必须要面对的，换个角度看待失败，是人生的一种享受，是生命的一种感悟，是成长的一种幸福。

失败和成功是孪生兄弟，两者从未分开过，只不过人们总是爱拿着放大镜来看待失败带来的影响。所以，青少年千万不要为一次的失败而耿耿于怀，痛苦难当，要学会在失败中成长，在痛苦中微笑，只有这样才能变平庸为超脱，化腐朽为神奇。

3 不能改变环境就改变自己

一个人生活在这个世界上，时时刻刻都在和环境打交道，只有双方达到和谐时，生活才会变得美好，否则便会产生无尽的烦恼。当环境恶劣的时候，有些人喜欢想方设法来对抗和应付环境，而有些人则喜欢想方设法来改变自己，让自己来适应环境。我们不能武断地判定这两种不同的协调办法到底谁对谁错，但对于一般人来说，改变环境都是一件遥不可及的梦想，而通过改变自己来适应环境则容易得多，毕竟人最容易把握的还是自己。

一场狂风暴雨之后，一棵粗壮的大树被连根拔起，它惊讶地发现旁

边一株弱小的芦苇却丝毫没有受伤，就十分不服气地问道："为什么我都被刮断了，而你却什么事都没有呢？"芦苇回答说："因为我知道我的力量不足以和狂风抗衡，所以就低下头给风让路，避开了有力的冲击，而你却自以为强硬有力，拼命抵抗，结果就成现在这副模样了。"

这虽说是则小寓言，但它能够给人们深刻的启发：当一个人不能改变环境时，一定要低下傲慢的头颅改变自己，否则就会输得很惨。对于青少年来说，学会改变自己是一件很有意义的事情，因为他们正处在叛逆、狂放的年龄阶段，此时他们的征服欲望亦是最强烈的。一旦他们与外界环境产生摩擦，又发现自己的力量渺小的实在难以同环境抗击时，就很容易产生冲动过激的情绪。此时，他们最需要的就是改变自己，就像芦苇一样，低下谦和的脑袋，给环境让路，让自己去迎合环境。

§ 让自己适应环境

很久以前，有一位国王，他所统治的国家风调雨顺，臣民们都过着舒适的生活。有一次，国王率领一行人马去一个很远的地方旅行，由于路途遥远，而且路况十分糟糕，所以回到王宫后，国王不停地抱怨他的脚很疼，甚至有些后悔这次旅行。于是，愤怒的国王便向天下发布诏令，命令全国的老百姓必须在规定的时间内用上好的皮革铺好每一条道路。这样一来，势必要花掉大量的财力物力和人力，百姓们虽有怨言，却没人敢说出来。

这时，朝中的一位大臣冒着触犯龙颜的危险进言道："陛下，您这样做实在花费了很多不必要的金钱，也让百姓们受苦受难，何不剪一小块牛皮包在自己脚上呢？既省钱既省力。"国王听了大臣的话略加思考，觉得是个好主意，便收回了御命，接受了他的建议——为自己做了一双

厚皮牛皮鞋。

国王能够改变自己来适应整个大环境，实在是难能可贵。在动物世界里，有“适者生存”的恒久定理，其实人类社会亦是如此。只有那些能够适应环境的人，才能永远立于不败之地，笑看世间风云；那些一心想改变环境的人，却往往难以摆脱困境，后果只能是停滞不前，甚至还会有所倒退。

也许有些人会认为，总是向环境低头是一种懦弱的表现，甚至是“不讲气节”，“没有操守”的表现。于是，很多有志之士便不肯来迁就环境，宁可在力量悬殊的斗争被打得头破血流。其实这又是何必呢？改变并不是一味地后退，而是一种顺应潮流的表现，是“识时务者为俊杰”的代表。由此看来，能够创新才会有所发展，一味地沉溺于旧思路，很容易陷入故步自封的圈子里。

§改变自己，明智之举

细数世间万物，恐怕“水”是最会改变自己的一种东西了，放入什么样的容器就呈现什么样的形状。不过，水的本质却并不因此而发生变化。做人又何尝不是如此？青少年要明白，改变也需要智慧，也需要理智，它只是为了让人避开对自己不利的环境，选择更有利的双赢局面。改变不了已经发生的事实，可以改变自己的态度；改变不了失败的过去，可以改变成功的未来；不能事事顺利，可以事事尽心；不能选择容貌，可以展现笑容。改变一下自己，就会发现天空更蓝，花朵更艳，生活更美好，世界更可爱，为什么不试一试呢？

有个黑人小孩的父亲开了一家葡萄酒厂，这个孩子每天就帮忙在那里看守橡木桶。每天早上，男孩就用抹布将一个个木桶擦拭干净，再把

它们整齐地排列摆好，这是他最大的乐趣，每当看到自己的成果，他都会忍不住笑起来。然而，这种情况却总是在第二天消失不见，原因是每天夜里，风就会把他排列整齐的木桶吹的东倒西歪。有一次，父亲摸着男孩的头说道："孩子，别伤心，我们想一个办法来征服这可恶的风。"于是小男孩擦干了眼泪，开始苦思冥想起来，最后终于想出了一个妙招。男孩先是去井边挑了很多桶清水，再将清水倒入了空空的橡木桶里，原来他是想加重木桶的重量来对付风，做完这一切后他忐忑不安地回家睡觉了。第二天刚刚天亮，男孩就迫不及待地来到了葡萄酒厂，他跑到放桶的地方一看，开心地笑了，那些桶排列得整整齐齐，一个都没有被吹倒。男孩的父亲也赞许地笑了。

男孩的做法让我们明白：我们可能改变不了风，但可以给自己加重，战胜恶劣的环境。是的，在这个世界上还有很多东西是人类无法改变的，但只要我们学会了调整自身的适应能力，就能够创造奇迹。有时候，一种来自适应后的融入，反而更能激发生命潜在的无限能力。如果在条件尚不成熟的情况下，盲目地看高了自己的实力，就会在不知不觉中自我设限，最终看不到成功的身影。

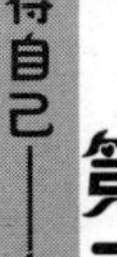

生活是丰富多彩的，但也是充满艰难险阻的，一帆风顺的人生是不可能存在的，无论是顺水还是逆水，都要行船。关键是要看你是否能够掌握好舵；是否能够面对各种复杂的环境；是否能够巧妙地避开各种暗礁；是否能够学习使自己不翻船的技巧。

青少年应当铭记：当我们不能改变周围的环境时，只有改变自己才是最明智的选择！抱怨是一个人最懦弱的表现，它只会让失败的人更加失败，既然不能超脱世俗，倒不如痛痛快快地接受它。打破旧的思维观念，才能更上一个新台阶。

4 阳光总在风雨后

人生是一种至高无上的体会，不论是风雨交加的经历，还是阳光明媚的经历，都是一个人一生中难以忘记的一瞬间。无论你经历过什么不可预料的事情，都应该保持一个很乐观的态度去处理身边的一切，学会笑看人生，再大的风雨就让它跑向脑后，学会朝着前方的路看去吧。

青少年正处于身心快速成长的时候，特别需要锻炼自己的心态，保持一个良好的心态才是可以培养出一个优秀的青少年的。因此，摆正自己的心态十分重要。

§ 人生路上难免有磨难

很多时候，很多事情都不是谁能可以预知的，好的、坏的事情一齐地指向于一个人，那时，遇到好的事情，也许人们会表现得很是欣慰。但是如果一旦遇到坏的甚至于让一生都陷入痛苦中的事情，又当如何呢？所以，人生路上的磕磕碰碰，都是不能避免的，那就要看个人怎么去对待了。

在某一年的圣诞夜里，人们都像往常一样在周日晚会聚集到教堂里一齐共同庆祝。做完礼拜之后，一个母亲恳求迈克米伦晚上开车带她的两个十来岁的女儿去教堂。因为她独自带了女儿生活。她不喜欢在雪雨交加的晚上开车。于是，迈克米伦答应了。

当天晚上，他们开车去教堂，两个女孩子坐在迈克米伦的身旁。

车开上一个高坡，迈克米伦看到前面不远的立交桥那里许多车撞在一起。因为路面结冰，非常滑，车轮无法刹住，猛地撞到一辆小车的后部。

迈克米伦身边的一个女孩尖叫了一声。

“噢，多娜！”迈克米伦回过头去看那个坐在窗边的女孩子怎么样了。当时车内还没有时兴装配安全带。所以她的脸部撞到了挡风玻璃上，落回座位时，锋利的玻璃碎片在她左颊留下两道深深的伤口，血如泉涌，可怕极了。

这辆车里有急救包，这是多么幸运的事情，于是用纱布止住多娜的流血。前来调查的交警说事故难以避免，不是迈克米伦的责任。可迈克米伦仍然内疚不安——一个如花似玉的少女脸上将要带着疤痕过一辈子，而且这可能还是因为自己的缘故。

多娜很快被送到医院急诊室里，医生开始为她缝合脸上的伤口。过了好久，迈克米伦担心会出什么事，就问一位护士，手术怎么现在还没有结束。护士说，值班的医生恰好是个整形的外科大夫，他缝合细密，很费时间。这样伤痕就会很细微。

迈克米伦不敢去探望住院的多娜，担心她会怒气冲冲地责骂自己。因为是圣诞节，医生们把病人送回家，有些可做可不做的手术也给推迟了。所以多娜病房所在的楼层里并没有多少病人。迈克米伦问一位护士多娜的情况怎样。护士微笑着说，多娜恢复得挺好。实际上，她就像一束亮丽的阳光。多娜看起来很高兴，对医治、护理方面问这问那。护士向迈克米伦透露说，病人不多，她们有自己支配的时间，经常找借口到多娜的病方里和她聊天。

迈克米伦对多娜说，他对于发生的一切感到非常不安和歉疚，她打住迈克米伦的道歉，说可以用化妆品遮住疤痕。接着她开始兴高采烈地

描述护士们的工作和她们的想法：护士们围在床头，微笑着。多娜看起来很愉快。她是第一次住院，周围的一切引起了她的极大兴趣。

后来，多娜在学校里成了大家瞩目的中心，她一遍遍地讲述事故的经过和她在医院的经历。多娜的母亲和姐姐并没有因此而责怪迈克米伦，反倒感谢他那晚对姐妹俩的照顾。至于多娜，她并没有毁容，而且化妆品确实差不多弥盖了她的疤痕。这让迈克米伦感到好些，但他仍难以抑制心中的刺痛——这么美丽可爱的少女，脸上却有疤痕。

后来，迈克米伦移居另一个城市，从此和多娜一家失去了联系。

10多年以后，那个教堂邀请迈克米伦去做一系列的礼拜活动。临结束的那晚，他忽然看到多娜的母亲站在人群中等着和他告别。

迈克米伦蓦地战栗起来，想起车祸、鲜血和伤疤。

多娜的母亲笑容可掬地站到迈克米伦面前。当她问他知不知道多娜现在怎么样了时，她几乎开怀大笑起来。

“不，我不知道多娜怎么样了。”

“那你记不记得多娜住院时对护士的工作极感兴趣？”

“是的，印象很深刻。”

多娜的母亲接着说：“嗯，多娜打算做一名护士。她接受培训，并以优异成绩毕业，在一家医院找了份不错的工作，结识了一位年轻的医生并相爱结婚。婚姻很美满，现在已有了两个漂亮可爱的孩子了。多娜告诉我不要忘了向您提起那次车祸是她一生中最大的幸事！”

人生路上，像多娜这种意外的事情是非常多的，但是就看你如何面对了。如果每一个人都能平和对待一件事情，那么他的生活将不会有那么多的烦恼和忧愁了。

青少年肩负着祖国的希望。人生观和价值观还没有真正的形成起来，因此，要保持一个良好的心态，对任何事情，只要坚定自己

的信念，相信无论什么事情都不会难倒自己的。学会像阳光般灿烂地对待自己的美好人生吧。

5 在困境中保持微笑

任何人的一生都摆脱不了苦难，虽然程度不同，但苦难依旧是人生中不可避免的事情。如果把苦难看作一种挫折，以一种悲观的心态去对待，那么，到最后只有被它所打倒。但苦难往往也是一个人生命中的转机，或许正如约瑟夫·艾迪逊所说：“在人生的旅途中，真正的幸事往往以苦痛、丧失和失望的面目出现；只要我们有耐心，就能看到柳暗花明。”

§ 困境中，依然要笑对人生

家境贫寒的谢坤山，很小就懂得了生活的不易和父母的辛苦。但是因为家里没钱供他读书，所以他很早就辍学了。贫困的家境使得他比同龄的孩子都早熟，从十二岁起，他就到工地上打工，用他那稚嫩的肩膀支撑着这个家。然而命运却偏不垂青这个懂事的孩子，总将灾难一次次降临到他的头上。在他十六岁那年，他因为误触了高压电，失去了双臂和一条腿；到了二十三岁，一场意外事故又使他失去了一只眼睛。之后，他心爱的女友也离他悄然而去了……

然而，接踵而来的打击，并没有让他丧失对生活的希望，相反，他

勇敢而满怀希望地面对这一切。为了不拖累可怜的父母，也为了不拖垮这个特困的家庭，他毅然选择了流浪。他独自一人带着一身残疾上路，从此与命运之神展开了博弈。在流浪的日子里，他一边打工挣钱糊口，一边忙于公益事业，救助社会。后来，他渐渐地迷上了绘画，他想重新给自己灰色的人生着色。但那时候，他对绘画一无所知。于是，他就去艺术学校旁听，学习绘画技巧。没有手，他就用嘴作画。用牙齿咬住画笔，再用舌头搅动，因为这样，他的嘴角时常会渗出血来；少条腿，他就"金鸡独立"作画，通常一站就是几个小时。他酷爱在风雨中作画，捕捉那乌云密布、寒风吹袭的感觉……就在他人生最困顿的时候，一个的漂亮女孩竟然不顾父母的强烈反对，毅然走进了他的生活。

这使谢坤山的生命有了一个支点。从此，他更加勤奋作画，到处举办画展，作品也不断地在绘画大赛中获奖。俗话说"苦心人，天不负"。后来，他终于成了一位很有名的画家，赢得了人生的残局。

笑对人生中的困境，是一份超然。用这样一份超然的心态去对待一切，谢坤山赢得了爱情，有了一个幸福美满的家；赢得了事业，得到了社会的认可与尊重。他用自己传奇的一生，告诉人们一个很重要的道理：在困境中依然要保持微笑。

§ 困境是上帝送给人类最好的礼物

人的一生就好像是一艘在时间的海洋里航行的航船。当你的船儿即将打造完毕，沐浴着金色的阳光下海远行时，你是否明白，人生的意义其实就在于去战胜一个又一个困难，驶过一片又一片险滩，最终到达胜利的彼岸。马克思曾说："为了不在空虚的苟且偷生中生活碌碌无为，来吧，让我们一起走向坎坷不平地的遥远征程。"可见，人生的意义就在于越过人生中的一个又一个困难，最终走向成功。

有这样一个故事，说是有一次上帝来到人间视察民情，当他看到农夫种的麦子结实累累，感到很欣慰。但是，农夫见到上帝却说，50年来我没有一天停止祈祷，祈祷年年不要有风雨、冰雹，不要有干旱、虫灾。可是，无论我怎样祈祷总不能如愿。于是，农夫突然吻着上帝的脚说："全能的主呀！您可不可以明年满足一下我的请求，在这一年里，不要大风雨、不要烈日干旱、不要有虫灾？"上帝答应了他。

第二年，果然一年之内都没有狂风暴雨、烈日与虫灾，农夫的田里也结出了许多麦穗，甚至比往年的还多了一倍。农夫高兴坏了。可等到秋天去收获时，农夫却发现几乎所有的麦穗都是瘪瘪的，没有一颗好籽粒。于是，农夫就含着泪问上帝：这到底是怎么回事？上帝回答说："你的麦穗没有经历过苦难的考验，所以才会这样。"

困境是证实自己的一面镜子，这面镜子高悬在生命的险峰，它照出勇士攀登的雄姿，也照出懦夫退却害怕的身影。戴高乐曾说："困难，特别吸引坚强的人。因为他只有在拥抱困难时，才会真正认识自己。"这句话就是说，一个人只有经受过困难，才能够证实自己的能力。

古往今来，那些成功的人士，无不是从困境中走过来的；不论哪一部名人传记，无不是面对困难并战胜困难的人生经历。困难是永恒存在着的，逃避困难，就等于拒绝接受成功。困难可以锻炼人，考验人，成就人。我们应该感谢困难，因为在解决了一个又一个困难时，我们也锻炼了自己的能力。

如果人们总是生活在一帆风顺、无忧无虑的环境中，那么人类就不会进步，社会也不会向前发展。而当我们认真审视自己内心的时候，也会欣然发现，那些能够点燃自己灵魂之光的，往往正是一些当时被视为磨难和困苦的境遇。因此，一个完美的人生，是离不开苦难的。

苦难是上帝馈赠给人类最好的礼物。所以，当苦难来到你的面前时，请微笑着勇敢地面对它，那么此时你面前的苦难就成了你人生中一笔巨大的财富。曾经有人说，人的脸型就是一个“苦”字，人一来到世上就该受各种苦难。仔细想想，这话不无道理。人的一生，在自己的哭声中临世，又在亲人的哭声中辞世，中间百十年的生涯，没有一刻钟不在与艰难、困苦、疾病、灾祸打交道。那么，既然困难与挫折是生活常事，就让我们微笑着来面对这一切吧！

6 经常反省自己

生活中，我们会听到不少人会说：“我做了一件事后，如果再回头想，就感到很后悔。”后悔是我们大多数人都会有的情况，而且是不可避免的。但是，我们一定要让自己后悔的事越来越少才行，要不然，只知道后悔而不知改进，那你就“白”后悔了。所以，能在后悔中不断进步，就需要我们每一个人都要有一种自我反省的能力。

§经常反省自己，才会有进步

反省是一种能力，是一种对我们的行为思想做深刻的检查和思考，把自己做人做事不对的地方想清楚，然后再把自己以前的错误纠正过来的能力。反省是修正自己所走的人生道路的一种方法，一个懂得反省的人，会在实现梦想的过程中不断反省自己的行为，寻找自己的不足，改

正自己的错误，使自己心态放正，从而更好地向目标迈进。懂得反省的人会虚心听取别人的意见，在别人的批评中吸取教训，使自己变得更加完善，缺点越来越少。反省是一个人走向成功的基础，是达到成功所必备的精神之一，通过反省，我们做人会越来越成功，我们的生活也会越来越幸福。

一个人若能经常反省自己的过去，就可以发现以往看待问题的观点是对还是错。若是正确，以后当然可以继续依此眼光看待世界；如果是错的，就要立刻加以修正。如此，就可以帮助你以正确的方法看待周围的事物。而那些成功人士之所以能够不断地进步，就是在于他们能够不断地自我反省，找到自己的缺点或不足之处，然后再改正过来，从而取得一个又一个成功。巴尔扎克就是如此。

法国小说家巴尔扎克，每次在写完小说后，都用很长的一段时间不断修改，直到达到自己满意，最后再决定定稿。修稿的过程往往需要花费几个月甚至几年的时间，但正是这种不断自我反省、自我修正的态度，让这位作家取得了巨大的成就。

无论做任何事情，每个人都要持有自我反省的意识，具有自我修正的态度，并且要不断地去追求去实现自己美好的愿望，达到自己的理想。一个善于自我反省的人，往往能够很容易发现自己的优点和缺点，并能够扬长避短，发挥自己的最大潜能；而一个不善于甚至不会又不接受自我反省的人，则会一次又一次地犯同样的错误，不能很好地发挥自己的能力，当然也就不能实现自己的梦想。

§ 经常反省自己，让自己变得更好

自己了解自己就是向知识迈了一大步。大自然从不欺骗我们，欺骗

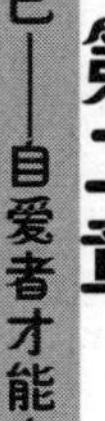

我们的永远是我们自己。自以为自己最聪明，知道自己错了却不改过，这是最大的过错。只有懂得反省自己，虚心接受错误的人才是胜利的人。如果你能勇敢地站出来承认自己错了，那么你已经把错误改正了一半。因为判断自己远比判断他人困难得多。如果你能正确判断自己的各种情况，那你就是一位具有较高智慧的人了。

不论你的地位有多崇高，你必须一直有勇气对自己说："我永远是无知的。"即使你能在战场上战胜千军万马，但唯有战胜自己，才是真正的胜利者。我们也都知道，判断自己远比判断别人要困难得多。世上最大的过错，莫过于一个人自己一辈子都不犯错；而一个人要想避免自己的盲目，就要懂得反省自己。

指责别人似乎已成为许多人的习惯，但这些人却看不到自己身上的缺点。人人都犯过错误，但很少人能反省自己，改过错误。大多数人就是因为缺少自我反省的习惯，不知道自己这些年来有什么变化，才会看不清自己的本质。而一个不知道自己变化的人，无法思考自己的未来，于是过一天算一天，毫无进步。

有一对夫妇因偷盗而被示众，人们万分愤怒，指责与谩骂音像海浪一样，一浪高过一浪。有人甚至还提议用石块将夫妇打死，而人们也都同意这样做。正当他们准备用石块砸向这对夫妇时．耶稣路过了广场。他看到这种情况，想了想，然后对愤怒中的群众说："好吧，那么就要我们当中从来没犯过一次错误的人扔第一块石头。"话音刚落，人们就都不说话了。"看来大家都犯过错误啊，那就没有人定你们的罪吗？"然后，他对这对夫妇说："那么，我也不定你们的罪！"

很容易发现别人的缺点，然后拿别人的缺点跟自己的优点相比，然后觉得，嗯，自己还挺不错的。其实，这时你恰恰忘记了自己的缺点正在腐蚀着你的生活，腐蚀着你的灵魂。所以，人要多反省自己。也许我们会因为反省而少了一些浪漫和激情，但是我们却多了成熟、幸福的机会和成功的机遇。而一个人要想与时代同步，就需要不断地反省自己；因为一个不知道反省自己的人，是不会进步的，我们总不能老站在跑道的起点上周而复始地画零吧。

学会反省自己，就是要敢于面对自己，敢于承担责任。一个真正聪明的人是不会逃避责任的，只有懦夫才畏首畏尾，推搪塞责，不负责任。如果你想取得成功，你就要学习做一个智者，学习做一个明白事理的人，否则，这一辈子你也不会成功，最终令你遗憾终生，你的生命就如一潭死水，泛不起半点涟漪。

经常反省自己，可以把自己心中不愉快的事情忘掉，可以理性地认识自己，对事物有清晰的判断能力；也可以提醒自己改正过失，还可以告诫自己要从别人的错误中吸取教训……只有全面地反省自己，才能真正认识自己，只有真正认识自己并付出了相应的行动，才能不断地改正自己，完善自己。因此，让我们每一个人都学会自我反省，做一个经常反省自己的人吧。

7 放弃是另一种获得

有人说：“放弃不该放弃的是无能，不放弃该放弃的是无知。”放弃的美，在于它所需要的勇气。那是一种心灵的割舍，内心的期待在说出放弃之后化为虚有，也许正是因为这样，心中才会再萌发了另一个希望。放弃不是逃避，而是对另一种获得的追求。放弃不是退缩，而是一个崭新选择的开始。放弃是另一种获得，把自己的生活进行重新定位，

就需要放弃曾经所拥有的东西。明白的人懂得放弃，真情的人懂得牺牲，幸福的人懂得超脱！

§放弃就等于开始

生命中有些东西，像是握在手中细软的沙，抓得越紧流失得越快，当你恍然张开手掌时，连遗留的痕迹都那么惨淡。在我们的生活中，自己真正所需要的，往往要在经历许多年后才会明白，甚至穷尽一生也不知所终！面对已经拥有的美好，我们又因为常常有了得而复失的经历，而存在一份忐忑与担心。因为拥有的时候，我们也正在失去，而放弃的时候，我们也许又在重新获得。放弃或许是另一种生活，另一种获得的开始！

鲁迅在日本留学时学的是医术。一天，在课堂上，教室里放映的片子里有一个被说成是俄国侦探的中国人，即将被手持钢刀的日本士兵砍头示众，而许多站在周围观看的中国人，虽然和日本人一样身强体壮，但个个无动于衷，脸上是麻木的神情。在中国人被砍了头以后，“万岁！”他们都拍掌欢呼起来。而这种欢呼，这每一声欢呼都深深地刺激着鲁迅的心。他身边一名日本学生说：“看这些中国人麻木的样子，就知道中国一定会灭亡！”鲁迅听到这话忽地站起来向那说话的日本同学投去两道威严不屈的目光，昂首挺胸地走出了教室，他的心里像大海一样汹涌澎湃。他清楚地认识到要拯救中国，首先要拯救中国人民的灵魂。他终于下定决心，弃医从文，用笔写文唤醒中国老百姓。从此，鲁迅把文学作为自己的目标，用手中的笔做武器，写出了《呐喊》《狂人日记》等许多作品，向黑暗的旧社会发起了挑战，唤醒了数以万计的中华儿女，起来同反动派进行英勇斗争。直到生命的最后一刻，他仍夜以

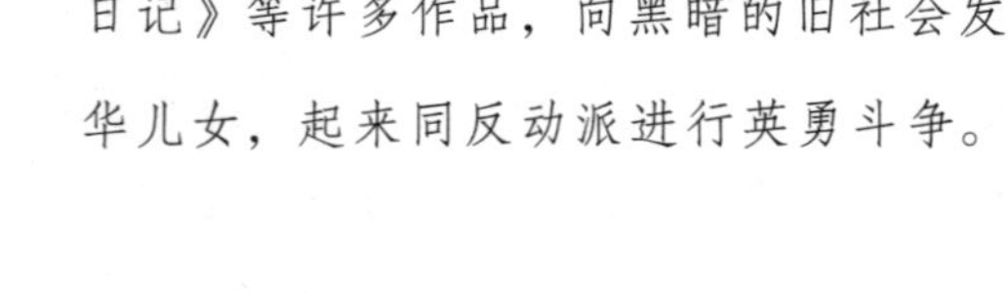

继日地写作。

鲁迅放弃了自己最初的理想，最后毅然拿起手中的笔，做了人民的艺术家，用自己犀利的文字唤醒了沉睡多年的国民，他以笔为武器，深深地刺进敌人的胸膛。为了民族的解放、为了国家的独立、为了人民的幸福无怨无悔地燃烧了自己。为了唤醒国人的目标，他不断地调整自己的方向，每一次的放弃，同时意味着另一个更明智的选择。因为懂得适时地放弃，他实现了自己的理想！

放弃，既是遍历归来的路，又是重登旅程的路，又是对过去诱发深思的路，也是对未来满怀憧憬的路。千万朵智慧的灯火灿烂着温柔和明朗的天空，牵出生命音乐般轻柔的翅膀，牵出一生春光明媚的季节。

人生有太多的诱惑，不懂得放弃就只能在诱惑的旋涡中丧生；人生有太多的欲求，不懂得放弃就只能任欲求牵着鼻子走；人生有太多的无奈，不懂得放弃就只能与忧愁相伴。我们应该懂得，错过花，你将收获雨。放弃对物欲横流的追索，打开自己的心窗，寻一片美丽诱人的沃野，呼吸一下新鲜空气，沉醉在花香与泥土的气味中。因为懂得放弃，所以珍惜拥有。离开是叶的必然，所以枝头上的叶伸展着躯体，在为树收集了一辈子的阳光和雨露后，悄然离开，去珍惜属于自己的安逸。放弃就是在一条已经走到尽头的路，重新寻求另外的出口，这个选择无论怎样的艰难与迷惘，都会收获意外的绚烂。放弃所拥有的，给自己新的开始，因为另一种获得始于放弃。

§ 人生要懂得放弃

放弃虽然让我们失去了一些东西，但重要的是那颗心还依然火热而激越，所以放弃的同时也正是另一种人生的开始，对万事万物，我们都

不可能有绝对的把握。如果刻意去追逐和拥有，就很难走出患得患失的误区。结束也意味着开始，开始也就是结束，只要摆正心态，放弃也是另一种开始。

勇于放弃的人应是有胆识与魄力的。他们能审时度势，当机立断。放弃无法实现的空虚梦幻，以免徒劳无溢；放弃那些无法胜任的职位，以免心力交瘁；放弃那些没有结果的爱情，以免独自饮泣。范蠡不就是放弃助越灭吴后的荣华富贵，才能带着西施双宿双飞。过着自己平淡安逸的生活。试想，当年的范蠡如、果不满足眼前的荣耀，不舍得放弃一时的荣华，就会因功盖其主而引发兔死狗烹的悲剧。陶渊明放弃了五斗米，才换来“采菊东篱下”的闲适，才有“悠然见南山”的发现和惊喜。

也许有人说：“放弃了，我便一无所有。”放弃，自然要带着一些疼痛。刺骨的寒风是落叶飞动的翅膀，在完成生命最后的，也是最美丽的旅程后，落叶归了大地，当叶在冬天不能再为大树提供益处时，不如早早离去，开始它的又一个理想：“化作春泥更护花”。在造物者眼里，一切永远都在开始。当狂风过后，一株老树轰然倒下，我们在心中叹息老树生命结束的同时，为什么不去想：不久，一棵幼苗将会从它倒下的地方重新生根发芽，新生命才刚开始呢。放弃不是一种过错，放弃了生活的轰轰烈烈，才能享有平平淡淡；放弃了激流险滩，才能拥有温馨港湾。今天的放弃是为了明天能够花红满树，桃李芬芳。哲人早就说过：“鱼和熊掌不可兼得。”面对生活的诱惑，我们必然要学会放弃一些东西，才会让生活更有精彩，才能让新的理想萌发出来，才会有新的成功。

不要让那段无谓的情感纠缠住最美好的瞬间，索性就用一张白纸记录下所有的悲伤、烦闷、急躁与空落的心情和所有的已经失去意义的努力奋斗过的程式化生活，将其揉皱成团，丢进纸篓，或者干脆饮一壶

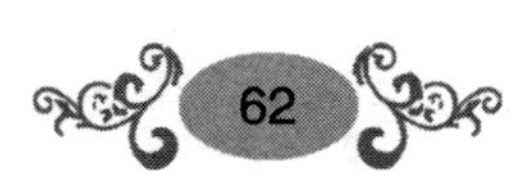

茶，杯尽，然后对自己说：“好吧，重新来过。”保持一颗平常心，营造一种境界，收获一种性格，只要不迷失方向，只要心静如水。人的一生会有许多的过客走在你的生命里，只要把握好每一次邂逅，第一次都可以创造奇迹！这样的人生旅途才会走得更稳、更顺畅。

懂得放弃是人生的大智慧，适时的放弃是自知与明智的美丽结晶。有选择、有放弃，这才是完美的人生，放弃一个达不到的理想，才会有另一种获得。

8 困境即是赐予

世界上的每个人都不希望自己的人生出现困境，因为困境让自己痛苦，困境让自己不幸，困境让自己意志消沉，困境更让自己对未来失去信心。对于身心发展不成熟的青少年来说，困境更是一种残酷的打击，甚至会使我们人生的色彩就此黯淡下来。但是，有人却这样认为，困境并不是前进道路上的绊脚石，而是上帝赐予人类的礼物，因为困境令我们变得更加清醒，困境激起了我们的斗志，困境让我们变得更加坚强。

其实，人生本来就是各种磨难的集合体，想要“没有一点儿挫折地成长”只是一种无法实现的奢望。逆境虽然让人痛苦，但如果你能够经受住挫折和失败，便可以增加人生的“财富”。没有困境的人生，看似幸运实际上却是贫乏的。成功与失败不在于是否碰到挫折的阻碍，而在于我们如何去应对它。但凡成功者，无一不是在困境中奋进，在挫折中成长的。

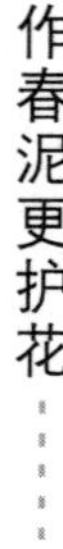

§ 在困难中重新站起

张海迪说：“即使挫折使你倒下去一百次，你也要一百零一次地站起来，唯有挫折能让你坚强起来。”贝多芬说：“要在挫折面前扼住命运的喉咙，挫折会使你自信起来。”生活中的强者，对挫折的承受力极大，面对困境，不是被动和无可奈何，而是主动积极地迎接挑战，以百倍的力量去努力奋斗以便摆脱挫折的困扰。在挫折面前，强者常常利用挫折的益处来提高自己的活动力量。青少年就应该具备这样的精神，才能让自己的人生更有价值。

海伦·凯勒毕业于著名的哈佛大学，是美国知名作家和教育家，可是她的一生却充满了坎坷。在她才只有19个月大的时候，因为患上猩红热而导致失明和失聪，就这样成了一个既无视力又无听力，同时也不具备说话能力的人。这样的考验是太过残酷了一点，不过海伦凯勒却以她惊人的毅力创造了一个辉煌的人生。

在她7岁的那年，父母为她请了一个家庭教师，就是影响了她一生的伟大的安妮·沙利文。沙利文耗尽了她的一生让海伦学会了手语，学会了说话，海伦也令人敬佩克服了所有的障碍，并且还完成了大学学业，这真是一项奇迹中的奇迹。命运对海伦·凯勒真的是太无情了，如果换成他人，可能早就自暴自弃，甚至放弃了自己的生命。可是，海伦·凯勒没有，她勇敢地接受了生活对她的考验，并且在文学方面取得了很大的成绩。在残酷的考验面前，海伦·凯勒以惊人的毅力挺了过来，所以她成功了。她的作品被畅销海内外，他的故事被拍成了电影，她用她坚强的意志感动了全世界的人。

面对生活中如此巨大的考验，海伦·凯勒尚且能够勇敢地接受，那

么青少年还有什么理由后退呢？苦难并不意味着永远都是不幸的，它只不过是另外一种形式的生活。因为许多时候，幸福往往是一道减法题，它会在你不知不觉中减去你所拥有的一切，而苦难却能成为一道加法题，不断地为你的人生加码。当你历经磨难走出困境后，便会发现，自己的人生有了更多的负重。

§ 坦然面对困境，反而会得到更多

在日常生活当中，有许多人经常以自己的或得或失来衡量事情的好与坏，有些人每天都为蝇头小利时乐时忧。然而，人们看到的只是事情的表象，有许多事情其实无法立刻判定是福是祸。老子说："祸兮福之所倚，福兮祸之所伏。"祸是造成福的前提，而福又含有祸的因素，它们并不是永恒不变的。在一定条件下，好事和坏事是可以相互转化的。得到未必是福，失去也不一定是祸。没有挫折就不会有智慧，没有付出就难以有收获。

从前，有位老汉住在与胡人相邻的边塞地区，来来往往的过客都尊称他为"塞翁"。老翁精通术数，善于给人算卜过去和未来。生性达观，为人处世的方法也与众不同。

有一次，老翁家的一匹马，无缘无故挣脱羁绊，跑入胡人居住的地方去了。邻居们得知这一消息以后，纷纷表示惋惜。可是塞翁却不以为意，他反而释怀地劝慰大伙儿："丢了马，当然是件坏事，但谁知道它会不会带来好的结果呢？"几个月后，那匹丢失的马突然又跑回家来了，还领着一匹胡人的骏马一起回来。邻居们得知，都前来向他家表示祝贺。并夸他在丢马时有远见。然而，这时的塞翁却忧心忡忡地说："唉，谁知道这件事会不会给我带来灾祸呢？"老翁家畜养了许多良马，他的

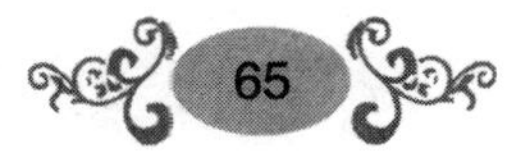

儿子生性好武，喜欢骑术。塞翁家平添了一匹胡人骑的骏马，使他的儿子喜不自禁，于是，就天天骑马兜风。有一天，他儿子骑着烈马到野外练习骑射，烈马脱缰，把他儿子重重地甩了个仰面朝天，摔断了大腿，成了终身残疾。善良的邻居们闻讯后，赶紧前来慰问，而塞翁却还是那句老话："谁知道它会不会带来好的结果呢？"

又过了一年，胡人侵犯边境，大举入塞。四乡八邻的精壮男子都被征召入伍，拿起武器去参战，结果十有八九都在战场上送了命。靠近边塞的居民，十室九空，在战争中丧生。而塞翁的儿子因为是个跛腿，免服兵役，所以，他们父子得以避免了这场生离死别的灾难。

有人说，困境是成长路上的陷阱；有人说，困境是人生途中的悲凉；有人说，困境是社会史上的污点……也许这些观点的存在都有一定的道理，但最令人振奋，最让人释怀，也最为准确的观点应该是积极的，困境是一个人走向成功的垫脚石，困境人生的一笔财富。青少年如果能够坦然地面对人生中出现的所有困境，那么就会在不经意间发现上帝在赠予自己困境的同时，也赐予了许多幸福，人生就是这么奇妙。

路是靠自己走出来的，与其埋怨发泄，倒不如坦然，也许这个过程既坎坷艰辛又刻骨铭心，但是只要青少年敢于乐观地接受，就能发现自己的人生价值。孟子的"天将降大任于斯人也，必先苦其心志，劳其筋骨，饿其体肤，空乏其身……"，只有经受得住苦难的考验的人，才能担得起大任，才能踏上辉煌的前程，只有一个愈挫愈勇的人，才是一个成熟的人，才会有"梅花欢喜漫天雪"的难得品质。

9 别为小事自寻烦恼

青少年正值人生中的大好年华，血气方刚，在遇到一些事情时往往容易冲动，结果为一点小事而大动干戈。如现实生活中我们经常可以看到这样的情形：几个青年在打篮球，一个青年突破上篮，被另一个青年从身后打手犯规。上篮者顿时发火："你怎么乱打手？""我打了，怎么样？"于是，两个青年从动口到动手，打得不可开交。

事后如果他们能够静下心来想一想，就会发现为这些小事发火实在是太不值得。本来可以相安无事，为什么一定把事情弄得不可开交才算罢休呢？这样不仅影响了自己的情绪，同样又大大地破坏了朋友同学之前纯真的友谊，于人于己都不利。当你把所有的不满付诸行动后，伤害就会随之而来了。

§"一气之下"的冲动惩罚

生活中，不如意的事十有八九。如小孩不听话，气！自己的工作没做好，气！别人在背后说你闲话，气！诸如此类，不胜枚举……我们往往在冲动中，"一气之下"而做出的一些让自己后悔不已的冲动行为，而这种行为，不仅伤害别人，也伤害自己的身心，还损害自己的形象。但不知你是否静下心来想过，为这些琐碎的小事而七窍生烟，值得吗？

从前，有一只骆驼在沙漠中无力地向前走着。太阳将它晒得又饿又

渴，骆驼装着一肚子的火，不知道该往哪儿发。

祸不单行，此时骆驼的脚被一块小玻璃给割了一下，本来心里就有一肚子的怨气，这一下全部被激发了出来。它抬起脚狠狠地将碎玻璃片踢了出去，却不小心将脚掌划开了一道深深的口子，鲜红的血液立刻把沙粒染红了，气呼呼的骆驼顿时更加火冒三丈。骆驼就这样带着伤继续走着，身后留下了一串血迹。血腥味引来了秃鹰，它们不停地盘旋在空中，等待着时机对骆驼进行攻击。不一会儿，附近的沙漠狼也闻着血腥味一路跟了过来。骆驼心里一惊，不顾伤势一路狂奔起来，到了沙漠边缘的时候，骆驼已疲惫不堪，仓皇中它跑到一处食人蚁的巢穴附近。食人蚁闻着血腥味倾巢而出，一下子就将骆驼包围了。没一会儿，骆驼就倒在了血泊当中。

直到临死前，骆驼才明白了它的错误，追悔莫及地叹道："我为什么跟一块小小的碎玻璃片生气呢？"但是这样的醒悟已经太晚了。

在现实生活中，像这个骆驼一样为小事为生气的青少年实在是数不胜数，等到真正面临严重后果时才发现，自己的所作所为都是因为一时之气，而造成了永远无法挽回的过错。

喜欢生气、为小事抓狂的人，总是让别人有机可乘。历史上有许多人就是因为此而事业尽败，甚至还赔上了一条性命。关键时刻的冷静往往成为成功的决定因素，那些动不动就暴跳如雷者是最无用之人，他们往往会将自身的缺点暴露无遗，让别人给自己致命的打击，就像故事中的骆驼一样。但是如果在怒火即将爆发的时候忍一忍，平衡一下心态，就会减少很多不必要的麻烦。

经常为小事而生气是愚蠢的表现。如果一个人比较容易上火，那么难免就会有些事情做不好，甚至可能得罪人。所以，我们做什么事情时不能意气用事，更不能生气，应该知道生气是解决不了问题的。生气只能害人害己。遇事要懂得静下心来想一想，把不利变利，把坏事变好事。

§ 世间本无事，庸人自扰之

人生是短暂的，不要因一些鸡毛蒜皮、微不足道的小事而耿耿于怀，为这些小事而浪费你的时间、耗费你的精力是不值得的。智者云："与人过不去就是与自己过不去；发脾气就是拿别人的错误惩罚自己！"美国著名作家迪斯雷利曾说："为小事而生气的人，生命是短促的"。如果你真正理解了这句话的深刻含义，那么，你就不会再为一些不值得一提的小事情而生气了

是呀，到底什么是气？所有的人都生过气，但恐怕没有几个人真正地思考过这个问题。其实气就是手中的茶水，倒在地上它就会消失不见，但如果你苦苦抓住不放，它也足以将你淹没。青春期是十分宝贵而又短暂的，我们实在不应该把宝贵的时间浪费一些无谓的小事上面，如果把这些时间用在学习和生活上，相信青少年的人生一定会更加充实。哪怕是视若无睹，相信也比埋怨好上千万倍。

愚人遇到一点琐碎小事就会怒不可止，而智人则是抿嘴一笑，所以，智人生活得更快乐、更幸福。那么青少年，你要是做愚人还是智人呢？如果你们都能有意识地抑制自己的火气，那么，生活中就一定会减少许多不必要的摩擦，人与人之间就会相处得更加融洽、和谐和美好。不要为小事而烦恼、生气，生活中有许多更值得我们关注的东西。

第三章

宠爱自己——远离生活坏习惯

爱自己，不是一种放纵，要爱自己爱得正确，爱得健康！

常常有人将宠爱自己当作自我放纵，这不是爱自己，而是恨自己错误的自纵，实际上等于自恨，自我窒息，譬如暴饮暴食、烟酒过度、生活习惯不规律、完全不运动、不吸收新知识、懒惰……这些行为都是在虐待自己的身体、伤害自己，这样放纵，决不是宠爱自己，而是恨自己，跟自己过不去，更是对自己的不尊重。

青少年朋友们，爱自己就要善待自己的身体，让自己健康，让自己开心。

1 上网不要成瘾

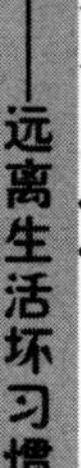

在信息社会飞速发展的今天，互联网正以惊人的速度扩散到我们生活中的每个角落。网络给大家带来了许多便利，让人们体会到了快捷的乐趣，但同时也带来了一些令人烦忧的事。

对于青少年来说，网上有许多有益身心的东西，如网络学校，即使在天涯海角也能得到名师的指点；有许多适合于青少年所需的知识和游戏；还有各种各样的电子报刊等。但更值得注意的是，网上也有许多对青少年极为不利的东西，如色情网站、黄色图片的不堪入目。若是他们不能够正确地认识网络，对他们的健康成长极为不利。因此，青少年一定要时刻提醒自己：上网可以，但是在有选择性地浏览良性网站，千万不可成瘾。

§ 为什么会沉迷网络

娇娇今年上高二，学会上网有好几年了，娇娇的家庭条件十分优越，爸爸妈妈整天忙于生意，没有时间照顾她，这也为她上网造就了环境。娇娇整天泡在网吧不回家，这让父母对她失望不已，刚开始父母并没有意识到事情的严重性。可是，后来娇娇发展到一去网吧就是好几天，就连吃饭也是在里面。有一次，老师打电话到家里来，妈妈这才知道她已经好几天没有上课了。于是他们便四处寻找，终于在一个网吧里

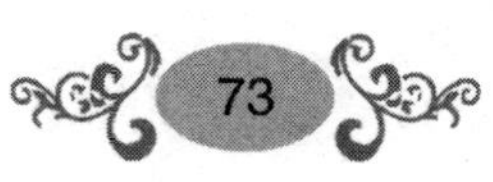

找到了她，当时娇娇正在玩一种游戏。回到家里后，父母严厉地批评了她，父亲还差一点动手打了她，但这些并没有让她改过自新，助长了娇娇更叛逆的思想。有时候，她半夜还会偷偷跑出去上网，其思想和行为都难以令家人和同学接受。

后来，妈妈带着娇娇去看了心理医生，经过医生的一番耐心开导后，娇娇终于说出了自己的心里话。她说，自己一开始她只是觉得上网挺好玩的，但并没有影响到课业，可是后来看着身边的很多同学都开始玩网络游戏，自己也开始跟着学。再加上父母平时太忙，根本无暇顾及自己，于是胆子就更大了，直到现在无可自拔。有时候她也觉得挺对不起父母的，可是只是一到电脑面前，所有的愧疚就会一扫而光了，只想去玩。

娇娇的情况其实只是一个缩影，在全世界像她这样沉溺于网络的青少年数不胜数，这不仅是家庭的悲哀，更是全社会的悲哀。那么，到底是什么原因导致他们陷入网络中无可自拔呢？心理学家认为有以下几点：

1. 生活没目标。一位家长说道："我家孩子现在每天都在上网，学习成绩差得没法说，马上要考试了他一点都不急，他爸打过也骂过，可他还是依旧我行我素。"有调查显示，这种沉迷于网络而放弃学业的青少年不在少数。他们对学习、前途及未来没有希望。只是试图在网络中寻找自己，逃避现实。

2. 缺乏自信。缺乏自信心的孩子一旦接触了网络，就会马上沉溺于其中，很难自拔。这是因为网络游戏给孩子带来了成就感和自我满足感，这正是现实中无法找到的，也正是孩子需要的，于是网络就成了孩子心灵放纵的温床。

3. 沟通不良。如今的孩子大多是独生子女，除了在学校等教育场所，孩子很少有机会和同龄人交流和娱乐，青少年叛逆的心理和想法也常得不到家长的认同和肯定，甚至有时还会受到家长的鄙视和责备。所以，在网络中他们可以找到“知己”朋友，他们有共同的烦恼和忧虑，这也是所谓的“共同语言”，正因为如此，青少年才会脱离现实生活，拒绝与家长和老师沟通。

4. 学习压力过大。“望子成龙”是每位家长对孩子的期望，但结果却往往不遂人愿。当孩子感觉压力大时，就需要一个宣泄的机会，而网络游戏对孩子具有强烈的吸引力，对一些简单的游戏，有时成年人都会乐此不疲地玩上一整天，更何况是孩子？当青少年遇到自己不可解决的难题或是受到外界因素的影响时，心理上就会存在一定的恐惧。有的惧怕上学，有的惧怕家长或老师，这时就会产生一种逃避心理。为了逃开这些心理恐惧的对象，青少年就会选择一些次强化物，如逃学去上网，这时网络已成了青少年的避难所。

§ 走出网络旋涡，拥抱一片蓝天

网络是人类文明的结晶，是现代科学技术的骄傲。随着互联. 网技术的迅猛发展，网络正在以神话般的速度涉及社会生活的各个领域，越来越以独特的方式冲击着人们的思想意识和价值观念。计算机与因特网技术的迅猛发展，突破了人们在信息交流方面的时空障碍，带来了网络世界全新的人际互动模式。

众所周知，网络是一个虚拟的世界，但它也脱离不开现实社会，我们不能把它从生活中踢出去。青少年应该让自己明白：网络中不仅有垃圾，也有宝藏；不仅有精华，也有糟粕。因此，让自己正确地上网是每个青少年都必须要做到的。

1. 提高自身修养

青春期正是一个人道德、品质、性格形成的关键时期，因此青少年应该把握好时机，想办法提高自身的道德修养。如平时多参加一些集体活动，多听一些激发人们上进的讲座，让自己的心中时刻充满正义，充满力量。这样一来，即使面对充满诱惑的网络时，青少年也能够明辨是非，清楚什么该做，什么不该做。

2. 学会趋利避害

虽然网络的毒害深入人心，但我们也不得不承认，如今的社会离开了网络还真的不行。因此，青少年应该让自己学会趋利避害，取其精华，弃其糟粕。如利用网络学习便是一种很有效的学习方法，适当的上网以作为娱乐，放松精神也是一种休闲的好途径。总之，网络是一把双刃剑，可以杀人也可以救人，关键要看你怎么用它。

2 远离烟的危害

在青少年群体中，存在着不少健康问题，这是大家有目共睹的，除了营养不均衡、睡眠不足等问题之外，不良生活习惯成为影响他们健康的主要威胁之一，其中烟就占了很大一部分。“吸烟有害健康”，这是一句就连三岁孩童都倒背如流的话，可是在现实生活中，很多人却还是成了一个不折不扣的烟鬼。最令人难以忍受的是，连青少年也开始学着“吞云吐雾”，并且把吸烟看成一种时髦的表现。

青少年正处于人生的重要转折时期，此时的他们渴望自己得到大人的认可，于是潜意识中便会模仿大人的一举一动，而吸烟恰恰是能够表

现所谓“男子汉”的一种行为。他们想和成年人一样亲身体会一下吸烟时悠游自在、吞云吐雾的感觉，也喜欢像成年人一样，让自己拥有一种“成熟”的魅力。最关键的是，他们认为自己的“成熟”行为会吸引更多异性的目光，在社会环境及恶劣的风气的影响下，沉迷于这种玩乐的生活，自甘堕落，影响学习和生活的正常进行。

§ 青少年，何时才能拒绝烟的诱惑？

一个中学生模样的男同学背着书包，推着自行车停在了一家百货店门口，他掏出一张10元钱随口说：“老板，买包烟，还是老牌子。”随后店主给了他一包“一品梅”香烟，说：“这么小年纪，烟瘾就这么大，还是少抽点吧。”他的回答让人大跌眼镜：“我的好朋友、周围的同学都抽烟，他们把烟分给我抽，如果我不抽的话，多不给他们面子啊！而且抽烟很有男人味，你不这样认为吗？”那是一张多么稚气的脸啊，却说出如此的话，真是让人不可相信。

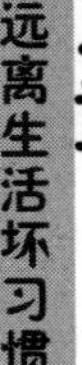

阿兵年幼其母病亡，其父忙于生计无暇照管他，14岁那年起，阿兵就模仿大人抽烟，并以之为荣。之后，他每天放学后就燃起一根香烟吞云吐雾，在同学们中间他认为这样很有面子。但没多久，阿兵就辍学了，终日跟着几个“大哥”身前身后地当起了小弟。去年又结识了一位做餐饮生意的“大哥”，刚熟后又常在那喝酒，时间一长他有了酗酒的习惯，每天不喝点酒就觉得不舒服，而吸烟就更别提了。之后，阿兵的生活中烟与酒就是他最好的“朋友”，严重地影响了他之后的成长。

这些镜头看起来是如此地不和谐，可是在现实生活中却不断地在上演着，就在我们的周围，使人不禁想大声呐喊：青少年朋友们，远离烟酒吧！也许他们一开始只是出于好奇，对于吸烟毫无戒备，但长期以来

却染上了严重的烟瘾，想要戒除时却发现实在太难了。因此，青少年一定要正确认识它们的危害，当这些不良习惯来临时要勇敢地抵制，让自己在良好的环境中健康成长。

事实上，吸烟根本不是表现男子汉气概的途径，相反它会使一个人变得颓废，意志消沉，让人产生厌恶的感觉。因此，青少年不要误读了“吸烟的意义”，烟对人体可谓百害而无一利，更不要指望用它来吸引异性的目光。

§ 认识吸烟的危害

吸烟有害健康是众所周知的。但是，青少年由于年龄还小，在短时期内还感觉不到抽烟对自己健康的危害，所以在不知不觉中，许多抽烟的青少年都忽略了它的严重性和致命性，导致很多青少年在不明究竟、不存戒心的情况下开始吸烟，待到日久成习，欲罢不能，已是大错铸成，后悔莫及了。

烟是百害无一利的健康摧毁者，美国把吸烟称为20世纪的鼠疫，抽烟得各种疾病的概率都非常高。由于烟草中含有很多有害物质，如尼古丁、煤焦油、一氧化碳、二甲基亚硝胺、硫青酸盐等，吸烟可导致这些有害物质作用于人体器官，引起多种疾病，甚至导致多种癌症的发生。香烟的烟雾中，含有1%～5%的一氧化碳，愈抽到末端一氧化碳愈高，高浓度的一氧化碳进入肺中，静脉血在肺中进行气体交换，目的是吸取空气中的氧气，而抽烟者吸入肺中的气体却含了高量的一氧化碳，而一氧化碳和血色素的亲和力要高出氧气300倍，一氧化碳和血色素紧紧地结合在了一起，使血色素失去吸取氧气的能力。

当然，一支烟所产生的一氧化碳对血色素的影响不大，但一支接一支地抽，呼入肺内的一氧化碳就会一点点增多，长此以往后果就可想而知了。若是在门窗紧闭的房间里吸烟，室内不仅充满了人体呼出的二氧化碳，还有吸烟者呼出的一氧化碳，长期待在这样的环境里，会使人感到头痛、倦怠，学习效率下降。抽烟的人在伤害自己健康的同时也伤害到了身边的人，在吸烟者吐出来的冷烟雾中，烟焦油和烟碱的含量比吸烟者吸入的热烟含量多1倍，苯并芘多2倍，一氧化碳多4倍，氨多50倍。在你用吸烟伤害自己的同时，也严重伤害了你周围的人。

吸烟不仅危害身体健康，对青少年的心理健康也是有害无益的。长期吸烟，在一定程度上影响青少年的注意力的稳定性，导致智力水平、学习效率与记忆效率下降。有人对青少年进行实验，比较吸烟者与不吸烟者的智力情况，结果表明：吸烟者的联想、记忆、想象、计算、辨认力等智力效能减低了10%。有人以学生成绩为指标进行研究，结果发现：吸烟学生的成绩比不吸烟学生的成绩差些，不及格的学生中，吸烟者比不吸烟者的比例大些。吸烟对青少年的危害是数不胜数的，对于正在学知识、长身体的青少年来说，不应该沉浸在烟雾缭绕之中，应该给自己的心灵和身体一个清新的环境。

3 喝酒会伤身体

在我国，饮酒是一种文化，适度饮酒可以增添喜庆气氛，自古以来就有“无酒不成席”的说法。但是，如果过度饮酒，就也会变成一种“穿肠毒药”，不仅伤身害命，还会贻害家庭以及社会。对于青少年来说，更不能在小小年纪就养成饮酒的坏习惯，这对以后的人生发展是十

分不利的。在我国，每年因为喝酒而造成意外事件的青少年不在少数，有的甚至将性命赔了进去，实在是不值。

由于青少年正处在生长发育时期，各生理系统、器官都尚未成熟，其对外界环境的有害因素的抵抗力较成人为弱，易于吸收毒物，损害身体的正常生长，容易损害大脑，使思维变得迟钝，记忆力减退，影响学习和工作，使学习成绩下降。此外，青少年饮酒一旦成瘾，难以自拔，终身都会受其害。饮酒过量也常导致争斗，或为支付烟酒费用而发生偷窃、卖淫等，危害社会和个人，因此青少年一定不要染上喝酒的坏习惯。

§ 多少健康消失在瓶罐之间

据一项调查显示，在我国青少年的饮酒率为21%，其中男孩为31%，女孩为10%左右。随着年级的上升，饮酒率也会逐步上升。在人们的传统意识中，校园里应该是一片净土，那么不应该受到任何污染。可是现在，饮酒正在逐步破坏着这片净片，严重地侵蚀着青少年的身心健康，为他们以后的人生悲剧埋下伏笔。

今年16岁的王磊说，他们班的男同学几乎都喝过酒，而且抽烟的也不在少数。最喜欢的就是啤酒，当然，也有人喝少量的白酒。如果大家聚在一起，你也不喝我也不喝，那还有什么意思，还算是男人吗？大家聚在一起，不就是图个热闹的气氛吗？没有酒助阵，那哪行啊？

最近李先生十分苦恼，原来是因为儿子。他说，儿子今年17岁，上高中一年级，有一天晚上回来晚了，他问儿子到什么地方去了，谁知儿子很坦白地向他汇报说，班上有个同学过生日，于是便去了KTV唱歌，喝了几杯，有个同学喝醉了，便送他因家，所以回来晚了。李先生听后很担心，上高中之前儿子是非常乖的，一心只是扑在学习上，在家里也很听话，即使有事晚回家，也一定会通知父母让他们放心。可是现在，所有的坏习惯儿子似乎都学会了，再这样下去，他还能好好学习，考一个好学校吗？

和抽烟一样，一开始很多青少年的饮酒行为往往是由于好奇心开始的，或是对于成人的模仿行为，可一旦开了口就会变得无法收拾。慢慢地，啤酒、烈酒便成为他们的“家常便饭”了。为了自己以后的人生，为了自己的亲人和朋友，青少年一定要果断地对酒说“不”。

§饮酒对人体的危害

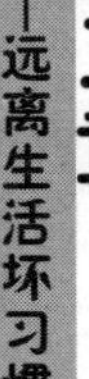

无论是有关酒的哪种类饮料，它的主要成分就是乙醇。乙醇又称酒精，酒精度数通常是指酒中所含乙醇量的百分比。酒精对人体的危害主要有：

第一，损害肝脏。酒精的解毒主要是在肝脏内进行的，大约90%～95%的酒精都要通过肝脏代谢。因此，饮酒对肝脏的损害特别大。酒精能损伤肝细胞，引起肝病变。连续过量饮酒者易患脂肪肝、酒精性肝炎，进而可发展为酒精性肝硬化，最后可导致肝癌。狂饮暴饮或是一次饮酒量过多，不仅会引起急性酒精性肝炎，还可能诱发急性坏死型胰腺炎，严重者危及生命。青少年正处在身体生长发育期，如若饮酒，不仅易损伤肝脏和造成中毒，也容易妨碍身体其他器官的发育生长。

第二，大量的饮酒会造成骨质疏松。在过去，人们一直认为骨质疏松是由于骨质自然退化、钙的摄入、吸收和利用不足等原因造成，但近年来的医学研究表明，过量饮酒也会造成骨质疏松。因过量饮酒而引起骨质疏松的原因并不是单一的，而是综合性的。嗜酒者常常营养不良，

钙、镁吸收不足，酒精中毒可使性激素分泌减少，由此而导致骨质疏松。此外，酒精对骨细胞有直接毒性作用，酒精还会影响骨细胞的活动，进而妨碍骨细胞对钙、镁的吸收和利用，则难免会诱发或加重骨质疏松。

第三，导致体内多种营养素缺乏。酒是纯热能食物之一。在体内可分解产生能量。但不含任何营养素，过量饮酒不但减少了其他含有多种重要营养素（如蛋白质，维生素，矿物质）食物的摄入。还可使食欲下降，摄人食物减少，以及长期过量饮酒损伤肠黏膜，影响肠胃对营养素的吸收，以上都可导致多种营养素缺乏。

第四，影响智力。国外研究者曾对年轻嗜酒者的智力是否衰退做过测试。测试对象是 35 岁以下的中青年，这些人在过去的三年中每天饮用酒精达 150 多克。结果发现，其中一半以上的人智力出现衰退，而其中 174 的人智力衰退得十分严重。

青少年为了自己的未来，为了自己的大脑健康，请勇敢地拒绝饮酒。远离饮酒，才能与健康牵手。当然，如果在节假日偶尔喝一些倒也不妨，只要是在适量的范围之内便是可取的。一般认为，每天饮酒不超过 24 克乙醇，即相当于约 540 毫升啤酒，200 毫升果酒，60 毫升 40 度的白酒，对身体的危害性则会大大降低。

4 杜绝进入舞厅

随着人们精神活动越来越丰富，很多人都把去舞厅跳舞当成一种休闲放松的手段，而不少青少年也在不知不觉中加入了这个行列，由跳

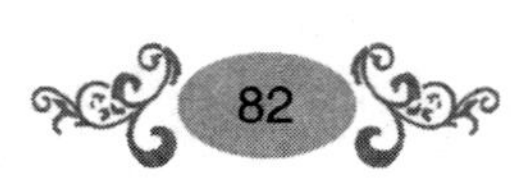

舞的“门外汉”变成了舞厅的常客。虽然去跳舞对于调节平时紧张的学习和生活有一定的作用，还可以丰富业余文化生活，陶冶情操、娱悦身心、恢复体力，保持体形健美，是一种值得提倡的有益的文体活动。但是，跳舞的场所不一定非要选择舞厅不可。

众所周知，舞厅里环境嘈杂，各色各类的人都有，有上流社会的企业家，也有三教九流的地痞流氓。况且，舞厅里所放的舞曲不是靡靡之音，就是重金属摇滚音乐，不仅无法使身心得到舒适地放松，对于身心还有一定的危害，于青少年的成长是十分不利的。所以，青少年应该正确看待舞厅，让自己明白：放松的方法有很多种，不一定非得去舞厅才行。

§ 舞厅对精神的危害

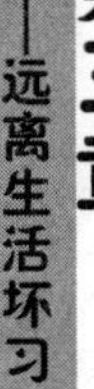

青少年由于自身的意志较为薄弱，又喜欢模仿其他人，再加上受教育的水平还没有达到一定的高度，于是就很容易把去舞厅当成一种时尚和酷的表现。再加上现在的社会十分开放，青少年的交友形式也多种多样，因此也十分容易受到朋友的鼓动和拉拢，一起去舞厅喝酒唱歌等。当然，有朋友是一件好事情，但如果所交的朋友一定要正直、正派、正道，大家在一起要能够互相帮助、取长补短。但由于青少年初出茅庐，心智发展很不成熟，容易被一些不三不四、心术不正的人利用，然后再以朋友的名义将他们引入歧途。

王强是一名高二的学生，有一次在学校里和一个同学起了冲突，两人打了一架。事后，王强越想越气愤，有一次与一位刚认识的朋友说起了此事，那个朋友便找了几个人，将打王强的那名同学打了一顿。自从这件事情之后，王强觉得自己“神气”了不少，学校的其他小混混儿也不

敢再惹他了，见面还要点头哈腰的。后来，那位替他“打抱不平”的朋友带着他去了舞厅，开始了“有福同享，有难同当”的生活。有一次，朋友神秘地对他说：“走，带你去看一个好东西。”他们走到舞厅的角落里，王强看到有几个人躲在一个隐蔽角落里抽烟，仔细一看发现他们的抽法很奇怪，此时朋友在一旁又说道：“哥们儿，试试吧，保证你会很舒服的。”于是，好奇心就让他凑了过去，学着他们的样子抽了一口，那一刻，他感觉自己经历了一种前所未有的“解脱”，而且感觉自己也精神了许多，无知的他还不知道，原来这就是可怕的毒品。等到上瘾之后，由于王强没有经济来源，他便再也离不开那位“朋友”了，后来他甚至还和他们一起抢劫、偷盗来满足日益强烈的毒瘾。直到最后，他被家人强行送到了戒毒所，学业也从此耽误了。

众所周知，舞厅的环境太复杂，什么样的人都有，最关键的是，这里是毒品交易的重要场所之一。如果王强能够早一点意识到这些，也许就不会误入歧途了。因此在这里，奉劝所有的青少年，一定要看清楚舞厅的性质，杜绝一切有害身心的根源。

§ 舞厅对身体的危害

舞厅中的噪声对人体的危害不可低估，经常泡舞厅会受噪声污染，会导致听力、神经系统、消化系统和分泌系统受损。科学研究表明，音响超过 80 ~ 85 分贝就能对人体产生危害，一般舞厅无论是轻歌曼舞的“华尔兹”，还是声嘶力竭的“迪斯科”，其音响大多超过 90 分贝，有的高达 100 分贝。在这样强劲的音响下经常跳舞，会不同程度地影响听力，导致神经系统、消化系统和内分泌系统等方面的损害，造成头晕、耳鸣、恶心、呕吐、心跳过速、血压升高等。尤其是对于青少年来说，

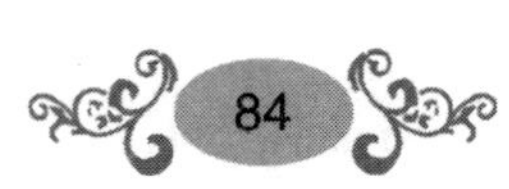

他们体内的器官还都处在生长发育期，更容易受到噪声的危害。

一名高三学生放学之后，连饭都顾不上吃就和几个朋友赶到舞厅去跳舞，他去的那个舞厅内有三四百人在跳舞。正在播放的是一支恰恰舞时，音乐的声音比较大，人们都沉浸在音乐里尽情起舞。突然，舞厅内发生了一阵骚动，原来这名学生突然倒在了地上猝死。事后很多人震，惊道："这个学生身高一米七五左右，身材看起来很健硕，实在没想到会发生这样的事情。"事后据医务人员分析，由于天气忽然变冷，气温下降很多，而他身上只穿着一件衬衫，衣着非常单薄。而舞厅内人员较多，明显比室外显得闷热。男子身体忽然受到一冷一热的刺激，而且又经过了一天的学习之后又没有吃饭，这些都可能是他突发死亡的诱因。

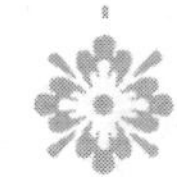

青少年为了自己的健康，还是尽量不要去舞厅。此外，医学家还认为，经常泡舞厅，还会使视力受灯光污染，使眼睛受到伤害。舞厅内所安装的激光光线强烈耀眼，加之高速旋转，色彩忽明忽暗，变化快速，会使人眼花缭乱，目不暇接。那忽明忽暗、眼花缭乱的灯光，会透过眼睛的晶体集中于视网膜上，导致眼睛温度明显升高，伤害眼角膜、眼结膜、晶体，使视力模糊、眼睑痉挛、结膜充血，还会出现头疼、失眠、食欲下降、精神涣散等症状。

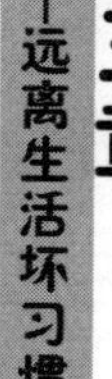

德国学者对11个迪斯科舞厅的激光设备做过调查测定，结果表明，绝大多数激光辐射强度已超过规定限值。当密集的激光束透过眼睛的晶状体，并集中于视网膜上时，焦点的温度可达70℃，对人的眼睛十分有害。激光辐射强度超过极限值时，将导致视力受损。中枢神经系统的功能受干扰，出现头痛头晕、心悸失眠、精神恍惚、食欲下降、神经衰弱等症。老弱病残和精神患者，可在短时间内头晕目眩、面色苍白、出冷汗，甚至丧失意识和休克。

紫外线灯是舞厅必备之物，有治疗皮肤病和杀菌作用，但若控制不

当，紫外线灯也会成为污染源之一，长时间的紫外线照射，可使人体的蛋白质、酶发生变化，从而导致某些疾病的发生。

舞厅内不仅空气污染严重，而且传播病菌。舞厅内人群密集，高峰时平均每1.5平方米面积的舞池内就有一对舞客在运动。由于活动频繁，往往满场尘土飞扬，室内充满着无数尘埃，隐藏于室内各个角落里的病原微生物，也随着尘埃到处飘浮。加之舞厅通风条件较差，空气污染的严重程度可想而知，同时人体本身每时每刻都在散发着各种气味，其中有害气体占1/3以上，这些有害气体不易消除，也会污染空气。一些患有传染病的人，亦会混入舞厅，在跳舞时散播病菌。

如果单从有利于身心健康的角度出发，跳舞时间也不宜太长。尤其不要长时间地参加使用激光的舞会。跳舞最好在露天进行。即使进舞厅跳舞，也要有所节制，不要经常泡舞厅，并且要选择音响、灯光、通风系统等条件较好的舞厅。对于青少年来说，适合我们的跳舞形式有很多，如参加舞蹈培训班或组织活动等，实在没有必要非去舞厅不可。

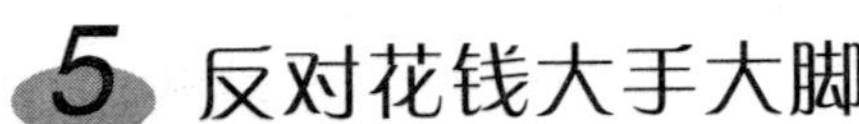

5 反对花钱大手大脚

随着人们物质生活水平的提高，对于穿衣住行自然也要求高了，再加上现在大部分家庭都是独生子女. 那么孩子自然会成为家庭的精神支柱，给他们的零花钱也越来越多。但是，很多青少年并不会合理地利用自己的零花钱，反而养成了大手大脚的坏习惯，他们讲虚荣、讲排场，吃喝消费向广告看齐，用品消费向名牌看齐，人情消费向朋友看齐，美

容消费向明星看齐。这些不良的做法，很容易让他们产生不正确的金钱观。

花钱每个人都会，可是如何用有限的金钱，去做有用的事情，很多青少年并不明白。有些青少年在使用零花钱的时候，对钱的用途认识不清，认为几块钱买瓶饮料理所当然，认为几块钱买个汉堡天经地义，但轮到买一些学习资料的时候，却把它当成一种浪费。这些青少年已经在对事物的价值认识上出现了偏差，实在令人为他们的未来担忧。

§ 大手大脚，有必要吗

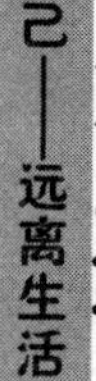

小贺是一名初二的学生，家境优裕，父母对她甚是疼爱，她每个月的零花钱甚至比有些同学半年的都多。她身上穿的戴的，没有一样不是名牌，来看一看她这些零花钱都用到了什么地方：每天晚上和同学“煲电话粥”，还经常参加一些电台的短信互动节目，就这一项支出，每个月就要花费300元左右；另外每月还要去买各种最新的杂志和CD，大部分时候是和同学一起去，那么吃饭也被她“大方”地承担了下来，这项费用要花去150元左右；每个星期都去专卖店买衣服，而且专买贵的，有时候试都不试就直接拿，直到在现在她衣柜里还有些衣服一次也没有穿过，这要花去将近500元；周末她还会和同学出去打打网球，溜溜冰什么的，至少花费100元。这些费用加在一起已经过千元，但如果偶尔碰上个同学过生日，她还得到爷爷外公、叔叔舅舅那儿“透支”点。

在现实生活中，像小贺这样高消费的青少年又何止她一个！他们拿着手机，穿着名牌，随便打听一下手机费用情况，高的每月150多元，少的也不下五六十元。还有一些学生，光是MP3就买了三四个，理由

竟然是“为了好搭配衣服”，真是可怜天下父母心！有许多父母都是自己勒紧裤腰带过日子，而给孩子们提供优越的条件，让他们去学知识，有很多并不富裕的家庭，父母抱着对儿女们“成龙”“成凤”的美好心愿，宁愿自己在家里啃馒头咸菜。这些情况，青少年自己了解吗？

青少年随着年龄的增长，自主意识渐渐增强，有了对钱的掌握欲望，这也是无可厚非的，但是毫无计划地乱花钱就不能被人谅解了。这不令是对父母血汗钱的践踏，更是对自己的人生的一种摧残，如果把乱花的钱用来做正事，相信一定可以做很多有意义的事情。那么，如何才能不让自己花钱大手大脚呢？这需要很大的学问的。

§ 学会理财，学会积攒你的财富

理财，在中国应该算是一个新兴产业了，提到理财，大家的第一反应就是：那是有钱人的事，跟我们青少年没有关系。其实不是这样的，想要克服自己花钱大手大脚的毛病，就必须学会理财，让自己理智地消费。调查显示，青少年每个月可以动用的金钱，100元以下的占36.5%，100元至200元的占23.1%，201元至400元的占19.2%，401元至600元的占9%，600元以上的占8.3%。调查结果表明，39.6%的青少年认为“自己有很多用了不久便不再用的东西”。由此可见，不少青少年在购买东西时，可能会因为受他人的影响，从众消费，或可能被商品的外观所吸引，凭一时的冲动而购买，买回来后却发现并非自己所需要的而闲置一旁。

洛克菲勒家族是世界上第一个拥有10亿元财富的美国富豪，尽管他富甲天下，但却从不在金钱上放任孩子。这从其家族中流传着的“14条洛氏零用钱备忘录”就略见一斑了，这是约翰洛克菲勒三世小时候与

父亲约法三章所提出的，其在经济上已显得非常“吝啬”：每周给零花钱1美元50美分，最高不得超过每周2美元。且每周核对账目，要他们记清楚每笔支出的用途，领钱时交家长审查，钱账要清楚，并用途要正当，这样可以在下周增发10美分，反之则减。

洛克菲勒有五个孩子，他也同样采用了此方法，当他们七岁的时候，他就开始向他们灌输如何对待“金钱”的观念。他从来不主动给孩子们钱花，如果有需要，就自己去“挣钱”。这样，孩子们从父母那得不到多少钱。但是，像他们的祖父一样，可以用劳动去挣父母的钱。比如：拍死一百只苍蝇的报酬是一角钱；捉住一只老鼠报酬是五分钱；背柴火、锄地、拔草都能挣到钱。小洛克菲勒的三儿子劳伦斯七岁、二儿子纳尔逊九岁的时候，取得了擦全家皮鞋的“特许权”。他们清晨六点起床开始干活，每双皮鞋五分钱，每双长筒靴一角钱。后来，孩子们又找到一个挣钱的活，他们开垦了一个菜园，种了西葫芦、南瓜等，丰收的时候，他们个个兴奋极了。父亲按市场价格买了四根子温斯洛浦的黄瓜。其他孩子则把他们的产品装在童车上，到市场上去卖。父亲还曾经亲自教儿子们缝补衣服，并告诉他们——烹饪和缝补之类的事不是只应该妇女去干。

理财是每个人生活中必不可少的内容。不同的收入、受教育背景、年龄乃至家庭状况，都会影响人们的理财决策。在现代社会，理财能力是青少年将来在生活和事业上必须具备的重要能力之一，它直接关系到人一生中的发展和幸福的一个重要因素。忽视这一点，我们就会显得被动。

6 保证充足的睡眠

睡眠是人类与生俱来的一项活动，正因为它的无师自通，我们才对它采取无所谓知之、无所谓不知的态度。经科学家研究却发现：睡眠不科学也是导致失眠的原因之一。

生活中，如果你总是感到很疲劳，无法醒来也无法入睡，很有可能你精神抑郁、易怒，生活压力过大。大部分青少年低估了缺乏睡眠是如何影响自己的情绪以及使自己难过、想流泪的。青少年平均需要八个小时的睡眠。经常缺乏睡眠会使你无法做出决定、无法很好地解决复杂的问题、合理性的思考。

§睡眠，人体的基本需要

有这样一些现象应该引起我们足够的重视：有些人，尤其是青少年一旦玩起来就不由自主，没有节制，忘记了休息，难以保证充足的睡眠，导致第二天学习时精神萎靡不振，思维反应迟钝，注意力不集中，学习起来险象环生。

小强是一名高考考生，学习刻苦，活泼聪明，平时学习成绩一直在年级名列前茅，老师、家长对他的期望值很高，希望他在考试时取得更加优异的成绩，于是在临考前便不切实际地对其加压，久而久之，小强不得不在晚上十二点以后才能上床睡觉，早晨六点左右又要起床读书。

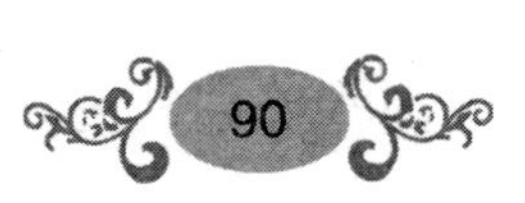

一个月之后，小强的成绩不但没有进步，反而在规定的时间内不能完成试卷的所有内容而落后于本来不如他的其他同学。

在现实生活中，诸如小强的高考考生还有不计其数，他们为了抓紧时间多学习一些知识而在无形中剥夺部分睡眠时间，这是一种极其愚蠢的做法。充足的睡眠不仅可以消除疲劳，还可以防止大脑因活动过度而产生抑制，而且能够为新陈代谢补充营养，使人集中注意力，增加记忆效率，思维反应敏捷，想象力丰富。因此，复习越是紧张，越要保证充足的睡眠。

“健康的体魄来自睡眠。”这是科学家最近提出的观点。没有睡眠就没有健康，睡眠是人生生活节奏中一个重要的组成部分。睡眠不足，不仅身体消耗的能量得不到补充，还会由于激素合成不足而造成体内的内环境失调。更重要的是，睡眠左右着人体免疫功能。科学家认为，如果你希望自己健康，就必须重新估价睡眠对健康的作用。经常开夜车或通宵达旦地打牌、看电视，对健康是非常不利的。

在保证充足睡眠的同时睡姿也很重要。医学家认为，夜晚人体阴气转盛而阳气内敛，屈曲如弓的，卧姿最有利于阳气的收敛，使肌肉筋膜完全放松，易于消除疲困，与此同时，最好能向右侧卧，减轻心脏负担，促进肝脏藏血功能和胃肠的顺利运行。除此之外，头朝东睡，有益健康，因为地球轴心为南北、东西向旋转，睡觉时头朝东与地转方向恰好一致，身体得到放松，使人感到舒服，从而保证充足的睡眠。

然而，现实生活中，一部分青少年往往长时间晚睡，误认为在第二天补眠。其实，这样长时间晚睡和睡眠不足者，即使次日补睡足八个小时，也难以挽回损失。

总而言之，睡眠是人体的基本生理需要，过之有余，差之不足。对于青少年而言，只有保证充足而适量的睡眠，才能使其精力充沛地进行

学习与生活。

§ 保证充足而适量的睡眠

睡眠是使大脑休息的重要方法，青少年在睡眠时，大脑皮层处于抑制状态，体内被消耗的能量物质重新合成，使经过兴奋之后变得疲劳的神经中枢，重新获得学习能力。睡眠的好坏，不全在于时间的长短，更重要的是睡眠的深度，深沉的熟睡，消除疲劳快，睡眠时间可减少。

面对压力，一部分青少年总是难以入睡。定期运动不但有助于缓解压力，减少梦中惊醒，减轻失眠症状，而且可以延长深度睡眠的时间。但需要注意的是，运动应该在睡前四小时进行，因为运动会提高人体的体温，促进肾上腺素的分泌，使人精神振奋，难以入睡。

睡眠是每个青少年每天都需要的，大多数人一生中的睡眠时间可超过生命的1/30但是睡眠定义，随着时代的变迁而有着不同的内涵。最初法国学者认为：睡眠是由于身体内部的需要，使感觉活动和运动性活动暂时停止，给予适当刺激就能使其立即觉醒的状态；又有人认为：睡眠是由于脑的功能活动而引起的动物生理性活动低下，给予适当刺激可使之达到完全清醒的状态；而近些年的研究认为：睡眠是一种主动过程，并有专门的中枢管理睡眠与觉醒，睡觉时人脑只是换了一个工作方式，使能量得到储存，有利于精神和体力的恢复，而适当的睡眠是最好的休息，既是维护健康和体力的基础，也是取得高度生产能力的保证。

总之，睡眠时间是因人而异的，并无法制定一个绝对的时间，人们通常所说的每天每个人要睡足八个小时才能保证健康，只是平均值而已。

学习生活在不断消耗着青少年的精力，那么，青少年若要拥有一个

好的精力，就必须保证充足的睡眠，只有养成这样一个良好的习惯，才能使其身心健康。

7 不要忘记吃早餐

有些青少年害怕麻烦或早晨时间比较紧张，就不吃早餐；有些青少年总是在路上买点吃的，或早晨干脆就饿着肚子，这均是并不可取的。

§ 吃一顿有营养的早餐

曾有一项调查发现：很多青少年不吃早餐，每天吃早餐的青少年只有57%，早餐质量较差的青少年却高达77%。有些青少年还认为自己从来都不吃早餐，身体并没有任何坏处。其实，不吃早餐的危害很大，主要有以下三点：

1. 早饭与头天晚上的吃饭时间相隔约有10个小时以上，如果不及时进早餐，大脑处于饥饿状态。以这样的状态去上课，会精神不振，学习能力下降。研究表明，不吃早饭的青少年上第二节课的时候就开始出现注意力不集中、有小动作等现象，他们往往脑功能降低，学习效率下降，被误认为是多动症。而且早饭没吃，中午就会大量进食，这样会使胃壁一下子处于紧张状态，时间久了易生胃病。

2. 长期不吃早餐易使人发胖。早饭与午饭相隔时间过长，大脑不断受到饥饿信号的刺激，使人产生空腹感。这样，中午吃进的食物特别

容易被肠胃吸收，更容易形成皮下脂肪。而且，由于吃得过多，食物消化后多余的糖分大量进入血液，容易形成脂肪。

3. 空腹的时候，人体内胆囊中的胆固醇饱和度比较高，容易形成胆结石。长期下去，人体内的平衡系统遭到破坏，容易导致贫血和营养不良。

因此，青少年一定不要忘记吃早餐，早餐要定时定量。一部分青少年在早晨刚起床的时候，往往食欲不佳，这时应注意食用一些质量高，体积小，颜色、味道诱人的食物，在品种方面也要尽力做到丰富，不能只喝牛奶和豆浆，还要配上蔬菜、谷类和蛋类等食品。

具体地说，早餐是午前提高学习效率、保证身体和智力正常发育所必需的。美国健康学家的一项最新专题研究证实，吃早餐有助于一整天的记忆。此发现对越来越多不吃早餐的青少年来说，无异于一种劝告。调查显示，平时不吃早餐的青少年与吃早餐的青少年相比，在记忆新知识方面明显落后，特别在记忆外语单词、词组、背诵课文、口语表达上相对逊色。

对于学业在身又正处于生长发育阶段的青少年而言，早餐吃得好坏对智力影响很大。学习是繁重的脑力、体力劳动，大脑活动需要足够的能量和营养，而头一天吃的晚餐经过一夜消耗早已用完。缺乏早餐营养的青少年由于能量和营养不足，会出现反应迟钝、精力不足等保护性抑制。

§早餐吃什么食物才好？

青少年若吃一顿富有蛋白质的早餐，对他的体力和学业将有很大的帮助。首先，按照膳食金字塔的分类方法把食物分为谷类、蔬菜、水

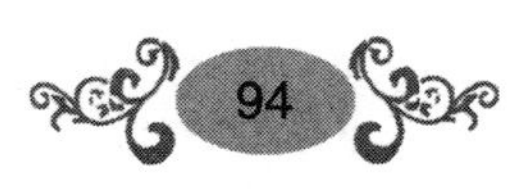

果、肉类和奶类，如果食用了两类或少于两类就算早餐质量差，食用了其中三类则为早餐质量较好，如果能食用够这四类则为早餐营养充足。

1. 谷类

谷类是面粉、大米、玉米粉、小麦、高粱等的总和。它们丰富的碳水化合物是青少年膳食能量的主要来源，多种谷物掺着吃比单吃一种好。

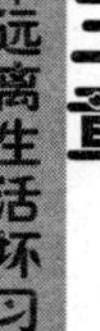

适合早餐的谷类食物：馒头、包子、面包、米粥、薯粥、豆粥、玉米粥、面条、营养麦片、馄饨。

2. 蔬果类

换而言之也就是指蔬菜和水果。青少年经常把它们放在一起食用，因为它们有许多共性——提供给人体各种维生素。但它们终究是两类食物，各有优势，不能完全相互代替。尤其是上学期间的青少年，更不能只吃水果不吃蔬菜，或只吃蔬菜不吃水果。

一般而言，红、绿、黄色较深的蔬菜和深黄色水果含营养素比较丰富，因此，青少年要多选择深色的蔬菜和水果。

适合早餐的蔬果类食物：黄瓜、萝卜、莴苣、白菜、西红柿、苹果、草莓、香蕉、橙子、猕猴桃。

3. 奶、豆类

奶类及奶制品、豆类和豆制品，前者是动物蛋白，后者是植物蛋白，能为人体提供优质的蛋白质。而且，我国居民膳食中普遍缺钙，奶类是首选补钙食物，有些青少年喝牛奶会有腹泻等不同程度的肠胃不适，用酸奶和豆浆、豆腐脑代替也可保证钙的有效摄入。

适合早餐的奶类及豆类食物：鲜牛奶、酸奶、羊奶、豆浆、豆腐脑。

4. 肉类

准确的称呼应该是“动物性食物”，包括肉、鱼、禽、蛋。它们为

人体提供动物性蛋白质和一些重要的矿物质和维生素。但他们彼此间也有明显区别，青少年应注意轮番使用，不要由于个人喜好而偏好某一种。

鸡肉、鱼虾及其他水产品含脂肪很低，可以多吃一些。

猪肉含脂肪较高，适量少吃。

蛋类是高蛋白的优质来源，但含胆固醇相当高，以每天 1 个为宜。

适合早餐的肉类食物：猪肉、牛肉、鸡肉、鱼肉、火腿、鸡蛋（蒸、煮、炒、煎均可）。

§ 青少年早餐食谱举例：

星期一：牛奶、馒头、豆乳、蒸鸡蛋、拌莴笋条；

星期二：豆浆、烧饼、煮花生米、酱牛肉、米粥；

星期三：牛奶、面包、炒豆腐丝、胡萝卜丝、煮鸡蛋；

星期四：豆浆、卷子、拌海带白菜丝、咸鸭蛋、米粥；

星期五：牛奶、小笼包、拌黄瓜、豆乳；

星期六：豆浆、蛋糕、拌豆芽粉丝；

星期日：牛奶、鸡蛋煎饼、凉拌海白菜、大米粥。

第四章

容纳自己——我自爱，我快乐

对自己满意，那就接纳自己，你会从自身获得热烈的赞赏！

俗话说：“海川百纳，易于良生。”

此一时彼一时。心就像是以往的海洋，可以容纳下许多美好的事物。善于去容纳自己的人，其心情也是像江水一样清澈见底，像鱼儿一样快乐自由。在内心最深处，接受不完美的自己，你才会快乐、勇敢地生活。

是把自己当作朋友，相知相伴？还是把自己当作敌人，百般挑剔？一念之差，可以使你愉悦人生，也可以把你赶入地狱。

1 接受自己，别人才可接受你

对于青少年而言，只有自己能够接受自己，别人才可以接受你，因为只有自己先接受自己，别人才能更好地接受你。如果每个青少年甚至每个人们均能接受自己，那么，几乎百分之九十九的痛苦与不幸便会因此而消失。

§ 相信事实

有个青年整天唉声叹气，愁眉不展，逢人便吐苦水："我实在是大不幸了啦！父母没给我留下遗产，我没有别墅，没有小汽车，甚至连件像样的大衣都没有。"有个中学生总快乐不起来：你看看我的长相就知道了，我有那么大的一个鼻子，圆圆的还有点红；瞧瞧我的学习吧，老是年级中最后面几名留守队员之一，快乐与我已经绝缘了；爸爸下岗快半年了还没找到新工作，今后上大学的学费怎么办？妈妈身体又不好，老是头疼，我可怎么办？

其实，长相由不得人，喜欢不喜欢也就是它；学习成绩的好坏，急也不在一时，你再不快乐它一时三刻也改变不了；老爸下岗，未必就是一辈子的事；老妈身体不舒服，应该赶快去看医生……对了，这是在学会"接受"，接受眼前的一切，然后再去想解决问题的办法。

倘若你不能接受自己的时候，请做一下这样的训练：站在镜子前，

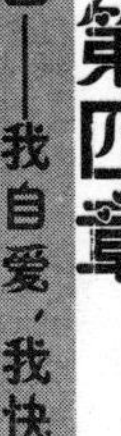

仔细观察自己的容貌，眼睛、鼻子、嘴巴，你会发现自己有那么多地方不招人喜欢。就把眼光留在最让你不满意的地方，这让你不安或者不快，哪怕是心中充盈着些许痛苦，你也不要把目光移开。你在心中默念：这就是我，不折不扣的我，就是再难看也是我。深呼吸，重复这句话，坚持两分钟。这是接受自我形象的训练，每天做这种训练，持续两周。慢慢地，你会不太在意自己的相貌，也许有一天，你会对着镜子里的自己说："就算长得这个样子也就凑合了，只是鼻子大了一点点，刘德华的鼻子比我还大！也许，我所有的运气就在鼻子上。"

青少年应该知道：接受的意思不一定是喜欢！"接受"的意思也不是我们不能想象或者盼望着有所提高。"接受"的意思完全是不加以否认，不回避现实，坚信事实就是事实。只有在承认和接受之后，才会有一个立足点，才会有可能找到解决问题的办法。

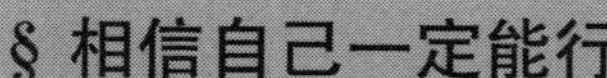

§ 相信自己一定能行

有位腿有残疾的私营企业主，他经过自己十几年的奋力拼搏，终于成了闻名遐迩的雕塑家和经营雕塑精品的大老板。当有人对他说："你如果不是残疾，恐怕会更有成就。"他却淡然一笑，说："你说得也许有道理，但我并不感到遗憾。因为我如果没有小儿麻痹症，我肯定早就下地当了农民，哪有时间坚持学习，掌握一技之长呢？从这个意义上说，我应该感谢上帝给了我残缺的身体，同时也给了我坚强的生活信念和立志成才的勇气。"

有句话说"上帝散布给人间的苦难与月光一样的均等。"是的，这个世界上，没有一个人活得容易，更没有一个人整日为鲜花与掌声所包围。知道了这一点，就无须再抱怨命运的乖蹇和不济了。

有位盲人，一生中从事着一件工作：种花。因为他父亲是远近闻名的花匠，子承父业，他天生是个盲者，从不知道花是什么样子。别人告诉他花是美丽的，他使用自己的手指细细地触摸，从心灵到颤抖的指尖，真切地体会美丽的含义；有人告诉他花是香的，他便俯下身去用鼻尖小心地嗅出另一种芳香来。几十年过去了，盲者像对待亲人那样侍奉着花儿，他种出的花，是小城里最为美丽的。

盲人种了一辈子花，却从来没有见过花是什么样子，然而盲人是快乐的，因为盲人实实在在地接受了自己，他深深懂得了自己制造美丽比欣赏美丽更为有趣。

也许你貌不出众；也许你语不惊人；也许你没有非凡的才华；也许你没有辉煌的过去；也许你还有先天的缺陷，后天的不足，并为此而悲伤，甚至自卑、自弃。不，朋友，请不要这样，请接受自己，珍惜自己，只有这样，别人才可接受你。

有位哲人曾说过：“你要欣然接受自己的长相。如果你是骆驼，那么就不要去唱批评鹰之歌，骆铃同样充满魅力。”的确如此，青少年应该接受自己的长相，其实你也有迷人之处。

青少年朋友们，请接受自己的语不惊人，为自己的生命歌唱。用自己的真情实感，质朴纯真，去唱属于自己的生命赞歌。即使得不到别人的鲜花和掌声，也不要为此感到悲伤。至少，我们不气馁，不灰心，拥有自己的鼓舞和慰藉。因为平实的话语同样能道出人生的真谛。

青少年朋友们，请接受自己的平凡和平凡的过去。昨天已经逝去，明天还是个未知数，但今天掌握在我们手中。如果你因为逝去的昨天而内疚，那你也将失去灿烂，不要羡慕别人已站在山脚下，只要我们不失攀登高峰的勇气就可以攀到山顶。不要因为别人已位居成功的闪光点，而自己才在起步的零点上而徘徊、犹豫，没关系，愉快地接受自己；只

要我们还有坚定的信念还在不停地向前追赶。

青少年朋友们，请接受自己的不幸，耕耘自己的人生。即使马虎的上帝制造了粗糙的我们，也必然在万物众生中有一条自己的路。不必感到自卑，虽然不是月亮，我们也用星光点缀世界的夜空。

接受自己，珍惜自己，只有这样，你才会发现我们拥有最大的财富——年轻。青春的年华，像清泉缓缓流过小溪，沁入一片片干涸的心田；如彩蝶，轻轻萦绕着三月的花朵，扇动那斑斓的蝶翼；似白云，悠悠在蓝天里飘逸，在心中荡起理想的风帆。只有接受自己，才能用自己的双手为生活着色、增彩。

快乐的真谛是“接受”。只有学会了“接受”，再加上努力奋斗，才能迈上了成功与幸福的台阶；只有接受自己，别人才会接受你。

2 天生我材必有用

天无绝人之路，既然每一个人来到了这个世界上，总会有自己的光亮之处。相信自己，就是肯定自己，相信自我就是一座宝藏、一座金矿！自己就会发光，就会有价值。虽然人人都会有缺点与不足，但只要相信自己，发挥特有的才能，人人都会有自己的价值存在。

东汉唯美主义思想家王充说过：“大羹必有淡味，至宝必有瑕秽，良工必有不巧，世上无尽唯美主义之物。”青少年也是如此。“骏马能历险，犁田不如牛马；坚车能载重，渡河不如舟；舍长以就短，智者难为谋，生材贵适用，慎勿多苛求。”作为每一个青少年，均应该相信：天生我材必有用，自己一定能行。

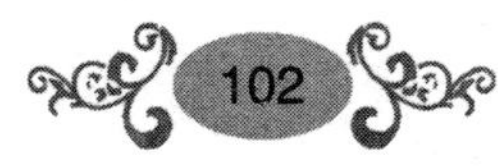

§ 相信自己一定能行

有一个女孩，高中毕业后，没考上大学，被安排在当地的一所学校教初中。结果，上课还不到一周，由于解不出一道数学题，被学生轰下讲台，她只好灰头土脸地回了家。母亲为她擦了擦眼泪，安慰说，满肚子的东西，有的人倒不出来，有的人倒得出来，没必要为这个伤心，找找别的工作，也许有更合适的工作等着你去做呢。

后来，女孩随本村的伙伴一起出外打工。糟糕的是，没几天她又被老板赶了出来，原因是裁剪衣服的时候太慢了，别人一天可以裁制出六七件来，而她仅能做出两件来，而且质量也不过关。母亲对女儿说，手脚总是有快有慢的，别人已经干了许多年了，而你初来乍到，怎么快得了。说完，便为女儿打点行装，准备让她到另一个地方去试试。

女孩先后到过几家工厂、公司，当过编辑，干过营销，做过会计，但无一例外，没多长时间都半途而止了。然而，每当女儿失败后满脸沮丧地回家的时候，其母亲总是安慰她，从来没有说过抱怨她的话。

一个偶然的机会，女孩受聘于一所聋哑学校当辅导员，这一次她如鱼得水。几年下来，凭着学哑语的天赋和一颗爱心与学生建立了良好的互动关系，深受学生们的爱戴。后来，她自己申请开办了一家残障学校；再后来，她在许多城市又开办了残障人用品连锁店。如今她已经成了一位爱心和资产一样都不少的女老板了。

有一天，功成名就的女孩凑到已经年迈的母亲面前，她想得到一个一直以来很想知道的答案。那就是，那些年她连连遭受失败，自己都觉得前途渺茫的时候，是什么原因让母亲对她那么有信心呢？母亲的回答朴素而简单，她说：一块地，不适合种麦子，可以试试种豆子，豆子也

长不好的话，可以种瓜果，瓜果也不济的时候，撒上些荞麦种子一定能开花。因为一块地，总有一粒种子适合它，也终会有属于它的一片收成……

的确，既然上天造就了自己，就是让自己明白“天生我材必有用”的道理。每个人都是有自己的价值，即使是先天不幸，后天不良，也是有自己的优势，只要相信自己，相信自己会成功，相信自己一定能行，总会有发挥自己才能的时候。

§不服输者才会赢

在台湾有一个叫陈志宏的年轻人，由于一场大病，以致使他的双手不能活动，两脚瘫痪，全身还会不住地抖动。即使如此，他却从肢体残缺所造成的挫折中走出一条创造发明的道路。虽然“只凭着一张嘴”，但他却能将自己脑中的观念付诸行动。为了给自己方便，免除因肢体残缺带来的障碍，他发明不少的东西，比如：设计了“自动电话器装置”，并且也为一般人发明了电子修护器，等等。而在他发明成功之前，相信一般人，包括教育家在内也不会认为他会成为一个发明创造的人。

事实上，在事业上有所作为的人，无一不是从认识自己，相信自己，创造自己开始的。培根说：“认识自己，比认识世界更难。”人世间有多少人，胸无半点志向，只是在浑浑噩噩地活着，他们一蹶不振，他们沉沦丧志，归根结底，是没有把握好自身存在的价值，没有认识自己的价值，不相信自己一定会成功，会有所作为。

梭罗是美国19世纪的哲学家、文学家，颇有名望，而爱默生当年只不过是梭罗雇佣的一个园丁，整天为其种草养花，主仆二人的差距可谓巨大也！但若干年后，爱默生在哲学与文学上的成就，甚至超过了梭罗。事情何以如此？因为一个园丁同样具有成为一个伟人的巨大潜能。只要你认为自己行，那你就能行，你就能成功。爱默生有句名言：自信是英雄的本质！

在任何挫折失败面前，望而却步者，终无法开启智慧大门，而勇于开逆风船，不屈不挠者必定是有所成就的人。道尔顿从小生活在乡村，对城市生活一窍不通，被人说成上帝造就的“多余人”，然而他成了近代化学伟大的奠基者。

周国平在《智慧与人品》中，曾说过这样一句发人深省的话：“我相信，天才骨子里大都有一点儿自卑，成功的强者内心深处往往有一段屈辱的历史。”是的，被人认为“弱智”的爱因斯坦不自卑吗？被老师称为“不适合上学”的爱迪生不自卑吗？没有哪位天才自信心是十足的，他们都有几分自卑，他们与常人不同的是他们知道自己的弱点而苦恼，又不肯毁于弱点。于是他们奋起直追，相信自己一定能行，才有了惊人的成功！

人生如同白驹过隙，如果你连自己都无法认识自己，连自己都不相信，那么你将被生活所抛弃，你将走入一个死胡同而无法脱身。所以我们无须自卑，我们应该给予自己最大的信心。其实，我们也是芸芸众生中的一个，上天给予每个人的都是同样的一个开始，它需要我们自己去创造，去寻找属于自己的路，每个人都有自己的优势，只要找准自己的位置，一定可以走出自己的罗马路。

“三百六十行，行行出状元”，相信自我，相信自己的能力和智慧，相信自己会成为一行中的状元。现实中的每个人都是平等的，没有高低贵贱之分，只要相信自己，战胜自己，才能有机会战胜别人。相信自己不比别人弱。只有不服输，才会赢；不甘败，才能胜。只要自我相信，给自己定个目标，再苦再难也能达到成功的彼岸！

马克思曾说：“伟人之所以看起来伟大，只是因为我们跪着，站起

来吧！”因此，青少年若要成功，就应该努力，并且敢于承认自我，相信天生我材必有用，做自己生命的主人，别人无法让自己成功，只有自己相信自己是材，是大材，才能够成功。

3 别跟自己过不去

何必要和自己过不去呢？别人说我们什么就让他们说去吧！我们共同生活在这个地球上，各有各的理由，各有各的活法，何必为他人所谓的言语和自己过不去呢？只要我们明白自己的能力和需要，从而努力地去获得，如此就不容易被人类所打倒。

换一个新的思路，事事顺其自然，尽自己的力量而行，就自然能够柳暗花明。因此，作为青少年，凡事不要勉强自己，不要跟自己过不去，只要做到问心无愧就行。

§ 不要与自己过不去

人的一生是极为短暂的，千万不要为了一些不开心的事，使自己终日处于一种郁郁寡欢的状态中。不要为了别人的错误从而与自己过不去，人生不过百年，如此之苦短，为何不好好珍惜现有的一切：灿烂的阳光，清新的空气……在人的一生当中，虽然有许多不如意的地方，但是我们可以把它们当作锻炼人的基石。

曾经有一位外语爱好者，经过自己的一番艰苦努力，英文水平已经

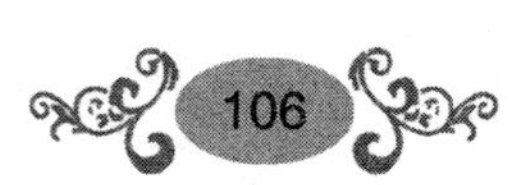

达到了能够进行著作翻译的程度。此时的他又忽然发誓要用半年的时间攻下德语，结果过度劳累，到最后使自己生了一场大病。

实际上，人的体力和精神承受能力都是有其自身的一定限度的。一旦超过了自己所能承受的限度，自然就会苛求不现实的“成功”，这是对自己的迫害。显而易见，不要跟自己过不去，这是一种应机的心理保护机制，是达到一个人心理平衡的桥梁。

有得必有失，这是历来人们所说的一条法则，不仅是聊以自慰的最妙借口，还是“过得去”的跳板。任何事情带给人的影响都是多方面的。其中有好有坏，有喜有忧，最浅显的就是“失败是成功之母”之说。如果你能拣其中的“好”“喜”多想想，也许在面对失败、失意、缺憾等不愉快的事情的时候，你的心理也将不至于过于失衡。也就如同吃甘蔗，去掉两头，专拣中间段，如此用这样的办法去对待生活，就必然有利于避免“过不去”。

如今这个世界，许许多多的事情都是我们难以预料的。我们不可能控制机遇，然而却可以掌握自己；我们无法预知未来，却可以把握现在；我们不知道自己的生命到底有多长，我们却可以安排当下的生活；我们左右不了变化无常的天气，却可以调整自己的心情。只要活着，就有希望。千万不要跟自己过不去，只要能够做到每天给自己一个希望，我们的人生就一定不会失去原来的色彩。

不要跟自己过不去，每天给自己一个希望，就是每天给自己设定出一个目标，给自己一点信心。希望是什么？是引爆生命潜能的导火线，是激发生命激情的催化剂。对于青少年而言，别跟自己过不去，每天给自己一个希望，只有这样，生活才会变得更加生机勃勃，激昂澎湃；只有这样，才能拥有一个丰富而又多彩的人生。

§ 不要自己折磨自己

在一次欢送领导的茶话会上，王某出于自己的诚恳，坦率地说了该领导的几点不足。回到家以后，妻子怪他“怎么能当面开炮，让领导难堪？”此时的他顿时感到懊悔不已。到了第二天，他到单位去，有的同事说他像“炮筒子”，更使他坐立不安，一股自责的内疚感油然而生口“我为什么这么笨？”“我可以找机会去澄清吗？”就这样一连串的问题便浮现在他的脑际之中，从而使得他彻夜难眠。

对于在跟自己过不去的煎熬之中，内疚是一种严重的创伤。内疚使其沉湎于过去的事件，以致使回忆占据了宝贵的时间，使疑虑充塞了日常的生活。这不仅是最大的精神浪费，还是一种极为残酷的心理折磨。

人生在世，矛盾是时刻存在的。它可谓无处不有，那将取决于如何去对待它们，对于聪明的青少年，应时常做到“受气不怄气”。

首先需要做到不用生气来惩罚自己。生气、怄气不仅不能够解决任何问题，还会最直接伤害自己；不仅使你吃不下饭、睡不着觉、血压升高，还能够使其旧病复发，生气其实就是拿着别人的错误惩罚自己，尤其是对那些“气人为乐”，的人们而言，你的生气正是他们所欲想达到的目的。

其次换个角度去看待别人。当自己的心灵受到伤害的时候，如果你能够站到对方的位置上思考问题，想想假如自己处在这样一种情况下，是不是也会这样做。若是朋友、亲友和同事伤害了你，想想他们昔日对你曾有过的关心帮助和各种照顾，或许生气就能大减，怨气渐消，同时朋友、亲友和同事间的矛盾也就自然消除了。

再次要胸怀博大，有自知之明。有些时候，对于自身的怄气并不是别人的责任，而是自己心胸狭窄，容不下别人。如有的人生性好胜，根本不甘落后，见不得别人比自己强，谁超过自己，他就嫉妒谁，谁比自己强，他就怀恨谁。虽然任何人都有嫉妒心理，然而智者应明了，根本不需要什么理与他人相比。

最后是转移心态。对于自己实在摆脱不了的烦恼，就必须要想方设法去转移自己的心态。试着去做一些例如：打扑克、下棋、看电视、听音乐或者去林间散散步等活动。

总而言之，无论怎样，都不要自己与自己过不去，不要自己折磨自己。

4 把自己当作朋友

青少年应该把自己当作朋友，给自己一个微笑，以百倍的信心渡过难关。生活如峡谷，处处充满险峻；生活如海洋，时时布满惊涛。

把自己当作朋友是一种自我释放。在竞争激烈的环境当中，长时间浸泡在茫茫题海之中，烦躁难免郁结于心，久而久之，就会表露于色。一次毫不经意的争吵、一场观点分歧的辩论、一句顶撞老师的话语，都会让我们感觉闷闷不乐。这时一定要冷静下来，把自己当作朋友，释放自己的忧郁情绪，让宽容充满自己的心房，这样所有的一切纠纷就会全部化解，萧条的冬天就会悄然离去。

§把自己视为朋友

一位哲人曾说过："生命是人的根本，一切物质财富都是用来为生命和身体服务的"一切肉体和精神的需求，都应该立足于对自己及人类的生命有利。这句话就是在告诫青少年：在生活当中，我们要正确处理名利和身心健康的关系，不要受物欲的诱惑和支配，不能为纯粹满足自我的欲望，反而伤害了自己的身心健康。一个人只有把自己当作朋友，才会活得更加的快乐。

一天，上帝来到了人间，他遇到一个正在钻研人生问题的智者，上帝就走上前说："我也为人生感到困惑，我们能一起探讨探讨吗？"智者说："我越是研究，就越觉得人类是一个奇怪的动物。他们有时候非常善用理智，有时候却非常的不明智，而且往往在大的方面迷失了理智。"上帝感慨道："这个我也有同感。他们厌倦童年的美好时光，急着成熟，但长大了，又渴望返老还童；他们健康的时候，不知道珍惜健康，往往牺牲健康来换取财富，然后又牺牲财富来换取健康；他们对未来充满焦虑，但却往往忽略现在，结果既没有生活在现在，又没有生活在未来之中；他们活着的时候好像永远不会死去，但死去以后又好像从没活过，还说人生如梦……"

这位智者对上帝的论述感到非常的精辟，就问上帝："研究人生的问题，很是耗费时间的。您怎么利用时间呢？""是吗？我的时间是永恒的。对了，我认为人一旦对时间有了真正透彻的理解，也就真正弄懂了人生了。因为时间包含着机遇、包含着规律、包含着人间的一切，好比新生的生命、没落的尘埃、经验和智慧等人生至关重要的东西。"智者静静地、专心地听着上帝所说的话，然后，他要求上帝对人生提出自己的忠告。

上帝从衣袖里拿出一本书，书上面却只有几行字上面写着：人啊！你应该知道，你不可能取悦于所有的人；重要的不是去拥有什么东西，而是去做什么样的人和拥有什么样的朋友；富有并不在于拥有最多，而在于贪欲最少；在自己所爱的人身上造成深度创伤只要几秒钟，但是治疗它却要很长很长的时间；有人会深深的爱着你，但是又不知道怎样表达；用金钱所买不到的东西那就是幸福；宽恕别人和得到别人的宽恕还是不够的，你也应当宽恕自己；你所爱的，往往会是一朵玫瑰，并不是非要把它的刺根除掉，你如果能做到，不让它的刺刺伤你那就算你做到了最好，自己也不要伤害到心爱的人；最重要的是：很多事情错过了就没有了，错过了就是会变的。

智者看完了这些文字，激动地说："只有上帝，才能……"抬头一看，上帝已经走得无影无踪了，但是周围还依然飘着一句话："对每个生命来说，最重要的便是：把自己当作朋友，只有自己才是自己的上帝。"

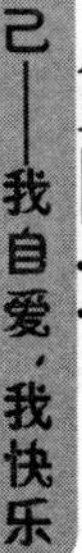

每个人的人生都是由无数的升腾与失落交织而成的，正如一座石拱桥，悠远而平凡，繁杂而肤浅，这边是上坡，那边必然是下坡。

在这样的人生当中，我们要把自己当作朋友。把自己当作朋友是一种超然的心态，它源于对生命的珍视。只有把自己当作朋友，才能了解生命的价值，懂得生命的珍贵。只有这样你才能在不断追求的过程当中，尽显你生命的亮色！不要再为错过的无助而伤悲，不要再为失落的痛苦而流泪。如果错过月亮时你流了泪，那么你就不要错过群星。我们不要再去痛惜未得到的与已失去的了，要珍惜我们现在所拥有的，就算那只是这世上最最平凡的，对于我们每个人来说，那也是最珍贵的。

我们不能再轻易自暴自弃、怨天尤人，不要再随意挥霍本来就极易

逝去的青春，让岁月满载遗憾而去。让我们每个人都保持着清醒的头脑，把握希望之舟，寻找自己弹跳力最强的立足点，犹如那西落的太阳，在沉默中积聚冲出失败的动力，在黑暗中酝酿自己明天的辉煌，最后冲破黑暗，宣告自己的胜利!

我们不要忘记上帝的忠告“对每个生命来说，最重要的是：只有自己才是自己的上帝。”

§ 学会把自己当作朋友

学会把自己当作朋友，就不要和自己过不去。“人生苦短，去日无多”——活着不该扭扭捏捏，活着就该扬眉吐气，洒洒脱脱，不必为只言片语的不和谐而耿耿于怀；也不必为鸡毛蒜皮的琐事愁眉紧锁。

把自己当作朋友，就要自己给自己营造快乐。不怕小人的流长飞短，不怕“常戚戚”者的暗箭明枪，“走自己的路，任他人去说吧”，我还是我——清晨踱步户外，望一轮朝日冉冉东升；傍晚踏碎浓浓夜色，任轻风从颜面拂过。那么爽悦的肯定是心情，收获的一定是快乐。

把自己当作朋友，就不要活得太累、太辛苦。少点做作，多一点真诚；少一点包装，多一点真实。人真实了，才没有心累的感慨，才会活得轻松、愉快。只有自己学会欣赏自己，生活才自信、才会充满盎然生机。

学会赞美自己、把自己当作朋友，不管人生多么平凡，每个人都能从自己身上找到闪光的地方；不管生活多么平淡，每个人的心里都有洒满阳光的时候。

一个人，他也许不是最聪明的人，但他完全可以做一个最有抱负的人。他不会太在乎最终的结局，可他懂得把自己的经历写成一首首动人心弦的生命之诗，把前进的历程谱成一支支美丽动听的人生之歌。激励让他的心里永远都燃着一盏希望的灯，这样能让他从失败当中看到成功的希望，让他能从最黑暗的人生岁月里看到光明……

只有把自己当作朋友，才能让我们珍惜这短暂的人生，才能够勇于面对人生无法预见的灾难。只有把自己当作朋友，才会善待自己，从而善待别人，善待周围所有的一切。

每个人的一生具体怎么生活是自己的一种人生态度，更是自己的一种选择。每个人都有自己特定的成长环境，因此，每个人的生活习惯决定着其生活方式。只有把自己当作朋友，才能开心，才能体会到做人的乐趣。世界本来就是丰富多彩的，何况是有不同思想的人，不同的人，不同的思想，不同的生活方式，就成了多彩世界的主体，用自己的精彩人生，就能够为创造更加丰富多彩的世界而增加一抹亮色。

人是复杂的综合体。身体素质、学识修养、待人接物等都是不相同的，无不反映出一个人的综合素质。作为青少年，应该珍惜父母所给予的生命，学会创造生命中许多美好的东西，在自己的不断努力下，把自己当作朋友，使自己的学习生活能够更加灿烂、更加美好。

5 善于发现自己的优点

善于发现自己的优点，生活的艰辛与无奈无法冲淡让旧梦重圆，让逝去的重新来过的念头，要懂得经过一番风风雨雨后艰辛的付出，必将是掌声震天，人生必定是一本充满七彩的传奇。善于发现自己的优点时就不会自励自嘲地说："天生我材必有用"，人生苦短，何必为一时的失

意和不得意而抱怨生不逢时，怀才不遇呢？善于发现自己的优点，就不会因自己所处的环境而后悔当初的选择，就不会再为别人的误解而不再去追求真理的客观存在。

善于发现自己的优点，茫茫人海中，十字路口就不再茫然地徘徊，孤独的背影就不再计较孤孤单单一个人走人生风雨路，漫漫人生路中，就不再是眼泪汪汪，也只因善于欣赏自己的长处而知道在这个变化莫测的世界中，该去保留一份什么样的心情去感受生活，感悟七彩人生中，滚滚红尘中很难超俗的一种心态。

§欣赏自己的有点

学会欣赏自己的优点，别人的歧视和冷漠，别人的挖苦与虚伪，不再是遭受打击后的畏畏缩缩和消沉，相反，则会认真地对待这种冷漠与歧视，把它当作现实生活中的一包好调料，把这百味人生好好品味，把诸多的经历当作激励我前行，永不回头的资本，把它权当一笔财富，一笔可观的精神财富，作为生活的最坚实基础。

黛比是北卡罗来纳州居民，要追溯她跟饕餮做斗争的历史，得从她16岁时父亲去世算起。她解释："我感到空虚，我努力用食物来填补空虚感。"当她离开家去上了两年大学以后，她的悲哀和寂寞感更重了。她说："在我离家去上大学的头两年，我长胖了25磅。"还在上大学的时候，她就努力减掉了大部分赘肉，主要是注意自己所吃的食物。因为变瘦了，她的自信心也增强了，然而没有持续下去。

当她快30岁的时候，黛比又一次遭受到个人危机的痛苦。她说："基本上，我不知道我到底想要什么样的生活，我只能向食物寻求安慰。我会吃到把身体吃坏为止，然后躺在沙发上，直到痛苦远去。"回顾从前，她解释："我觉得我在生活中的很多方面都显得无力，唯一能控制的就是食物了，只有对食物我才能为所欲为。"黛比常常把她贪食的原因归咎于想要控制的欲望。然而，一次次的暴饮暴食让黛比的体重直线上升。30岁的时候，她的体重已经达到180磅。她回忆道："我感觉自己糟透了，这只能让我吃得更多。"黛比知道她不能再继续这种毫无规律的饮食习惯，而且损害着她的健康。她下定决心让饕餮离开自己的生活，于是决定加入"匿名饕餮者"协会。在那儿她开始寻找以食物填补生活中空虚的原因。她学会用更好的办法对付孤独和悲哀，比如打电话给朋友。更重要的，她认识到自己的力量和贡献，最终找到了自己作为一个人的价值。

这是一个痛苦的过程，但是"匿名饕餮者"协会的其他成员给了黛比需要的支持和理解。她说："我永远感激他们对我的支持，他们不仅帮助我克服孤独，还教我怎样对待食物。"此外，黛比跟协会其他成员的积极交流，给了她在协会之外培养友谊的勇气，比如跟她的邻居和同事进行交流。随着黛比的饮食习惯和自我形象的改善，她的暴饮暴食习惯也减退了。八个月内她减掉了30磅，以后的15年中，她仍然把体重保持在健康的150磅。黛比相信接受自我给了她动力，让她可以采纳健康的生活方式。她解释："许多肥胖者的自我感觉都很糟，其实是他们不会接受自己，如果他一旦接受了自己，他就可以接受别人，也会接到爱的回报。这些给他的满足感是饕餮饮食永远也不能给他的。"

的确如此，接受自己，学会欣赏自己的优点。当你自我感觉不好，或者对生活中的一些方面感觉不好的时候，试着列一张表，写出你的优点和你生活中好的方面，然后，当你需要坚定自信心的时候，反反复复地读它。

在人生的旅途中，每过一个时期，或每走一段路程，你可以回过头

来看看自己的身后，看看太阳落山之前是否还能走回去。或干脆停下来，沉思片刻，问一问：我要到哪里去？这样或许活得简单些，也不致走得太远，失去现在，失去自我。

每一个青少年都有自己的长处和短处。而其最大的长处，是不断弥补自己的短处；最大的短处，是善于发现自己的优点。

§ 发掘自己的优势

美好与自信，都源于一个人对人生一往情深的欣赏。其实，青少年应该善于发现自己的优点。如果说，作为一个青少年，连自己的优点都发现不了，自己看不起自己，那么，怎么还能有自信、自尊、自强、自爱呢？

每个人都有自己的优势和长处。正所谓“尺有所短，寸有所长”。如果我们能客观地估价自己，在认识缺点和短处的基础上，找出自己的长处和优势，并以己之长比人之短，就能激发自信心。要善于发现自己的优点，表扬自己，把自己的优点、长处、成绩、满意的事情，统统找出来，在心中“炫耀”一番，反复刺激和暗示自己“我可以”“我能行”“我真的行”，就能逐步摆脱“事事不如人，处处为难己”的阴影方面的困扰，就会感到生命有活力，生活有盼头，觉得太阳每天都是新的，从而保持奋发向上的劲头。自己给自己鼓掌，自己给自己加油，自己给自己戴朵花，自己给自己发锦旗，便能撞击出生命的火花，培养出像阿基米德“给我一个支点，我将移动地球”的那种豪迈的自信感。

在同一个世界，不同的人有不同的活法。我们得到的不一样，失去的也不一样。我们失去太阳的时候，得到了漫天的繁星；失去无忧无虑的童年生活，会得到多彩的青春岁月。生活总是被得到的喜悦和失去的苦恼所充实着。

人生有得有失。有人说：“失意时需要忍，得意时需要淡。”只要有目标，暂时的得失，又算得了什么呢？因此有人说：“生命中的每个挫折，每个伤痛，每个打击，都有它的意义。”

人的一生中，生，不容易；活，也不容易；生活，更不容易。明天，不管你长成一棵参天大树，抑或成一丛无名小草，都是一种自然的法则，自然才是生活的真。人活着，并不是每个人都有着与命运抗争的能力。如果无力抗争，那么，就坦然地接受命运的安排，尽心尽力地走自己的路，认认真真地度过每一天，本本分分地做个忠厚的人，不也是一种力量的体现吗？不管生活的旅途多么风雨交加，不管人生之路多么电闪雷鸣，踏踏实实走下去，欣赏生活，善于发现自己的优点，就会拥有一份自信，拥有一份足以抵御一切的生命力。

善于发现自己的优点，其实是人生智慧的一部分，是一种理智和超脱。理所当然，善于发现自己的优点，并不是把自己视作一朵鲜花，把别人视作枯萎的草，也不是自命不凡孤芳自赏，更不是故步自封刚愎自用。善于发现自己的优点，贵在自省，贵在自知之明。欣赏自己，坚定自信，尽力走自己的路，人生就无怨无悔。

善于发现自己的优点不仅是人生的一种享受，还可以从中欣赏到自信的魅力。

青少年朋友们，满怀激情地用自尊、自信、自强、自爱、智慧、爱心和你所拥有的一切去拨动生命的琴弦吧，欣赏自己弹奏的人生乐曲，那才是最动人、最惬意的！

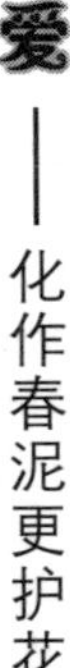

6 换个角度看自己

事情都有两面性。对于同一件事，从不同的角度去看，结论会不尽相同，心情也会不一样。现实生活中，几乎所有事情都存在积极性和消极性，当你遇到不顺心的事情时，如果只看到消极的一面，心情自然会低落、郁闷。这时，你不妨换个角度，从积极的一面看待自己，说不定能帮你走出心情的低谷，变得平静、开朗起来。

生活中，每个人都会遇到太多不如意的事，日常生活的种种琐事已让人疲惫不堪，如果再遇到一些痛苦的事更是不堪一击。面对这种种的困惑，你可以拿出阿Q精神，换种角度去看待自己。其实每个人都是一样的，都会遇到不顺心的事情，当你难过时，想想比自己更难过的那些人，比如那些失去亲人的朋友们。

换个角度看自己，自己也许会珍惜自己，学会去保护自己。那么自己就强大许多，坚强了许多。

§ 用另一个角度看自己

遇到一件使自己不开心的事情时，站在别人的立场上去考虑一下，想想自己处在他人的位置时面对这样的事情会怎么做，也许就不会有那么多的不满，那么多的怨恨。彼此相互体谅一下，这个世界会少许多烦恼。

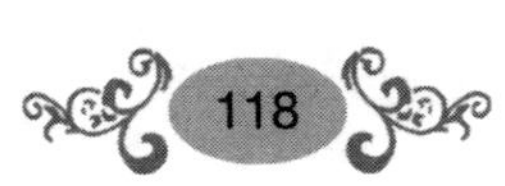

换位思考，顾名思义就是换个立场来思考问题，其实在生活中，这种思维方式益处是很大的，商家一旦从消费者的角度来考虑他们的需求，商业利润将源源不断；老师一旦从学生的角度来考虑，讲课也将变得很容易。只要你处于社会这个群体中，换位思考无时无刻不伴随在你的左右，当你不理解别人时，当你因为社交方面而苦恼时，试着从对方的立场思考一下，或许能达到意想不到的效果，何乐而不为呢？懂得换位思考的人是心胸宽广、聪明睿智的人。懂得换位思考的教师会在许多事情的处理上比别人棋先一招、技高一筹。

一天，一个10岁的男孩去食品店买冰激凌。他坐在桌子旁门售货员，这个售货员是个本科生，男孩问：“蛋卷冰激凌多少钱一个？”售货员回答说：“75美分。”男孩开始数他手中的硬币，然后又问小碗儿冰激凌要多少钱。售货员极不耐烦地回答道：“65美分。”她觉得自己的工作实在是太无聊了，不能称什么大气候，自己的身价就指着门多吗？这时，男孩买了小碗儿冰激凌，吃完后就走了。当售货员来收空盘子时，她发现盘子里放着10美分的小费。小男孩的行为让这个售货员知道了自己的价值所在。

想想看，这时售货员心里想些什么？这又会对她今后与人交往带来什么影响？用自己对别人的方式来看待自己，是小肚鸡肠；用自认为好的方式看待自己，是贬低了自己的价值；用希望别人对你的方式来看待自己，是挽救了自己。学会正确地看待自己，转换个角度去面对真正的自己，自己就不会觉得自己是多么伟大，自己需要关怀自己。

换个角度的结果，就是自信。深刻的道理，往往是简单的；而简单的道理，真正做到了就不简单。如果我们时时都能站在别人的角度思考自己，体验自己与他人的与众不同的情感世界，我们就能融洽、友善地与人相处，做到自爱。

与其痛苦的、被动的接受，倒不如放平心态去看待自己！当自己遭遇很大的压力时，你应该高兴地想到——这是锻炼自己能力的好机会；当你在学习或是其他的事情中遭受挫折，你应该高兴地想到——这是锻炼我的承受能力的最好机会；当别人诬蔑你的时候，你应该高兴地想到——检验我胸怀是否宽广的机会来了。总之，当你不如意时，从积极的方面考虑，会使你的人生更加美好。

§ 珍爱自己，学会换个角度

珍爱自己——需要换个角度思考

换个角度，要学会自己和别人敢于沟通；换个角度，就是要学会自尊自爱。

不管是在生活中还是在学习中，人们常常会为一些矛盾各执己见，争论不休，不依不饶，僵持不下，最后不欢而散，甚至大动干戈。不仅伤了和气，还于事无补。其中的原因，就是因为矛盾双方都没有换位思考意识，都没有站在对方的角度上去考虑问题。

如果想要营造一个和谐的环境，营造一个和谐的学习或者工作上的氛围，营造一个和谐的社会环境，必须要学会换位思考。

换个角度

改变角度是人对人的一种心理体验的过程。转变一个角度去看待自己，设身处地地想想自己的现在、过去和未来。学会真正地思考一下。站在别人的立场上体验和看待自己，从而让自己真正地在认识自己。

换位思考的实质是对自己的切身关注，深入了解自己的内心世界。它既是一种自己的自我理解，也是一种对自己的关爱。

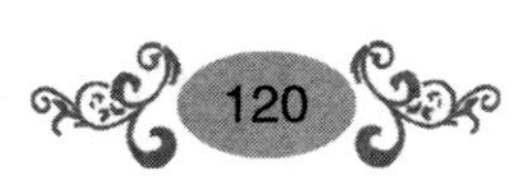

换个角度的步骤

换个角度的第一步：虽然我们每个人因为性格、经历、观念、爱好、学识等不同，个人的需要也必然会呈现出千差万别，但是大家都是人类中的一员，每个人的需要又有其共性。所以我们可以通过把自己放在自己的角色中来考虑别人的需要从而推断自己的想法，这也是我们了解洞察自己心理的一个入口。

不管是什么人，也不管他嘴上怎么说无所谓，我们每个人都是非常关注自己在别人心里的价值的，我们从心底里期望得到他人的重视、承认、尊重和赞赏。当这种心理需要得到满足时，我们就会有一种很好的感觉，心情愉快，充满信心；但倘若这种需要总是遭到他人的忽视、否定甚至有意的剥夺时，我们不仅情绪低落、郁郁寡欢，有时还会因缺乏理智而出现攻击性的言行。所以，卡耐基说："人类本性最深的需要是渴望别人的欣赏。"詹姆斯也说："人类本质中最殷切的需求是渴望被肯定。"

换个角度第二步：卡耐基写了一本享誉世界的书——《人性的弱点》，他经过广泛而深入的访问和调查，发现人性的弱点在于每个人都希望和喜欢别人肯定、鼓励和赞扬自己，而害怕批评、斥责和抵触他人对自己挑毛病、泼冷水。卡耐基说："批评、责怪就像家鸽，你放飞后，它们总会回来的。如果你我之间明天要造成一种历经数十年、直到死亡才消失的反感，只要轻轻吐出一句恶毒的评语就行了。"

所以，在开口说话前，我们先问自己：当我犯了过错时，我希望别人批评我吗？不希望！我希望得到原谅；当我做得不好时，我希望别人嘲笑我吗？不希望！我希望得到鼓励；当我遭到挫折时，我希望别人幸灾乐祸吗？不希望！我希望得到帮助；当我情绪低落时，我希望别人冷落我吗？不希望！我希望得到安慰；当我总是听不懂时，我希望别人觉得我烦吗？不希望！我希望得到耐心。那么，当人家也处在类似情景

时，就做人家希望你做的事吧。记住：己所不欲，勿施于人。

换个角度第三步：有时候自己认为是非常正确的观点，在别人眼里未必如此。所以，在自己处理事情时，把别人的观点赋予在自己的身上去学会自己找自己的不足，那样，你自己就会发现自己存在的优点和缺点了。

对于每个人来讲，为了自己的身心健康，为了自己能够活得更精彩，都应该做到遇事换种角度去想，保持一种乐观积极的心态，学会去容纳自己，相信自己一定会比他人做得更好！

7 不要自我放弃

生活中，很多事情不是那么容易放弃的，需要自己用自己的实际行动去努力的。学会看到自己的长处，不要轻易地自我放弃。对什么事情都要抱着一份乐观的态度去看待，这样才能把每一件事情都能做的尽善尽美。

学会看到自己的长处，不要自我放弃，可以为自己的人生增值很多。富兰克林说：“宝贝放错了地方便是废物。”在一个人的坐标系里，如果站错了位置，就会永久站在卑微和失意中沉沦。因此，学会发现自己的长处，即使它不怎么高雅入流，但也可能是改变你命运的一大财富。看到自己的长处，把自己安排在合适的位置上，就能经营出有声有色的人生。

§ 把自己定好位，学会自信

学会在自己的人生旅途中不断地完善自己，容纳自己的不足，就要学会自信。

美国著名作家马克·吐温，以前曾经过商。他第一次从事打字机的投资，因受人欺骗，赔进去19万美元；第二次办出版公司，因为不懂经营，又赔了10万美元，两次总共赔了将近30万美元，不仅把自己多年心血换来的稿费赔了个精光，而且还欠下了一屁股债。马克·吐温的妻子奥莉娅深知丈夫不是经商的材料，却有文学的天赋，便帮助他鼓起勇气，振作精神，重新走上了文学之路。于是，马克·吐温终于摆脱了失败的痛苦，在文学创作的道路上成就了伟业，在近代外国文学史上占有重要的一席之地。

马克·吐温虽说在经商上不如意，但是他并没有因此而放弃了自己，反而让自己从另一个事业上走向了成功。其实，每一件事情都是这样的。并不是在哪一个方面卓越的人都是在任何方面都很出色的。相反，有些人并不是在一处上失败了就因此而觉得自己不行，不如别人，他完全可以在别的方面很占优势。

把自己的位置定好，重新给自己一个施展的舞台，就很清楚地知道自己现在的责任和肩上负有的任务，学会重新塑造自己，充满自信，那么就可以做到立于不败之地了。

每个人都有自己的长处，善于发现并经营自己的长处，就可以长到自己的发展天地。宋代诗人卢美坡有诗云：“梅须逊雪三分白，雪却输梅一段香。”只要你善于发掘自己的潜力，发挥自己的优势，经营自己的长处，就能找到发展自己的道路，创造美好的人生。

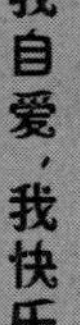

§坚持自信，切勿自我放弃

自我放弃，是一种不健康的心理概念。总是想自我放弃的人，缺乏生活的信心，对任何事情都是抱着一种消极的态度去做事，什么事情在他们眼中都是不成形的、失败的。这就是自我放弃的人。

自我放弃的表现是，不把自己的能力当作一种价值的体现，而是一味地放弃自己的理想，认为自己的理想都是不现实的。所以，在生活中要排斥那种自我放弃的想法，学会积极面对身边的事情。

美国微软公司总裁比尔·盖茨只有高中学历，因为他没有读完哈佛大学就去经营电脑公司了。但他却是积极地面对自己的生活，他不读大学但是他并没有放弃了自我，还是一直去努力进攻电脑行业，最后以独创微软征服了全世界。成为全世界最值得骄傲的首富。这也在告诉我们，只有充分利用自己，挖掘自己的潜能的人，会很容易取得成功。反之，成功的希望就会非常渺茫。

托马斯·沃森，作为美国国际商业机器公司总经理之子，同他声名显赫的父亲相比，你简直是个猥琐者。在读商业学校时，各科的成绩在靠一名家教的鼎力相助才勉强过关。后来他开始学飞行，却意外有种如鱼得水的感觉，发现驾驶飞机对他竟是那样得心应手，这使他对自己的信心倍增。第二次世界大战时，他当上了一名空军军官。这段经历，使他意识到自己“有一个富有条理的大脑，能抓住主要东西，并能把它准确地传达给别人。”最终，沃森继承父业成为公司总经理，使公司迅速跨入了计算机时代，并使年盈利率在15年里增长了10倍。

每一个人的身上存在着许多的长处或不足，并不是所有的人在面对自己的不足而产生自卑，就去放弃自我。关键是面对不足时，采取什么样的态度。有这样一则故事：有个人问一位盲人："你什么都看不到，这么活着不觉得痛苦吗？"这位盲人回答说："我痛苦干什么？和聋人相比，我能听见声音；和下肢瘫痪者相比，我能行走；和哑巴相比，我能说话。生活如此善待我，我为什么要痛苦？相反，我活着很快乐，也很充实。"一位盲人面对不幸，没有怨恨，没有自我放弃，只有对生活的感激——感激在命运给予他不公平的同时，生活恰如，其分地填补了这份缺陷，赐予他一颗乐观豁达的心。

世上万物，各有所长，鸟儿因有翅膀而翱翔天空，鱼儿因其擅水而遨游江河。它们依靠自己的特长成为万物中的一员，在永恒的生存竞争中占有一席之地。假如它们抛弃自己的长处，就只能成为优胜劣汰的牺牲品。

一个贫困潦倒的希腊年轻人去雅典一家银行应聘一个守卫的工作，由于他除了自己的名字之外，什么都不会写，自然也就丢掉了这份工作。失望之余，他借钱渡海去了美国。许多年后，一位希腊大企业家在华尔街的豪华办公室举行记者招待会。会上，一位记者提出要他写一本回忆录，这位企业家回答："这不可能，因为我根本不会写字。"他的这句话使在场的所有记者都大吃一惊，这位企业家接着说："万事有得必有失，如果我会写字，那么我今天仍然只是一个守卫而已。"

在人生的大海中，学会抓住自己的特点，去改变自己，找到自己的优势去跑到最佳位置。一个人不能因为他在一方面不如别人而失去了自信，而应该去试着找到一个适合自己的，不要自我放弃，坚持自信，扬长避短，就一定能成功。

也许在某一段时间里，你会为不得不做一些不喜欢的事而苦恼。英国散文家托马斯·卡莱尔说："世界上最不幸的人要数那些说不清自己究竟想做什么的人。他们在这个世界上找不到适合他们干的事，简直无

处容身。”莫里哀和伏尔泰都是失败的律师，但前者成了杰出的文学家，而后者成了伟大的启蒙思想家。卡莱尔说：“发现自己天赋所在的人是信任的，他不再需要其他的福佑。他有了自己命定的职业，也就有了一生的归宿；他找到自己的目标，并将执着地追寻这一目标，奋力向前。”

这就是他们没有因为失去了做律师的遗憾而自毁前程，相反他们又朝着另外一个方向的目标去努力，不是把任何事情都想得那么失败，而是去转变想法把自己的失败化为动力去前进。

其实，在每个人身上都会存在一些不足之处，面对这些不足，你又采取了怎样的一种态度。成功学专家A. 罗宾曾说过：“每个人身上都蕴藏着一份特殊的才能。那份才能犹如一位熟睡的巨人，等待着我们去唤醒他……上天不会亏待任何一个人，他给我们每个人以无穷的机会去充分发挥所长……我们每个人身上都藏着可以立即支取的能力，借这个能力我们完全可以改变自己的人生，只要下决心改变，那么，长久以来的美梦便可以实现。”

所以，学会坚持自己的信念，让自信伴随着我们去成长，学会自己审视自己，不要自我放弃，这样，自己的人生才能因此而增添一份光彩。

下篇

像爱自己一样爱别人

第五章

永存爱心——托起生命的方舟

爱心会让我们懂得生命价值的真谛，也懂得了生命的价值所在！

爱心是人间永远开不败的花！

爱心是一首飘荡在夜空的歌谣，使孤苦无依的人获得心灵的慰藉；爱心是一种奇妙的力量，它可以传递温暖，还能够创造奇迹。当浮华给予我们过多欺骗，现实中的虚假几乎让青春的我们忘却了真实的存在，是爱心唤回了曾经迷离的心，是爱心带给了青春的我们最纯、最真的感觉，它流露的是美的誓言，渗透的是人间永恒执着的真爱。

让爱心永存每个中学生心中，托起大家生命的方舟！

1 学会去爱，学会感恩

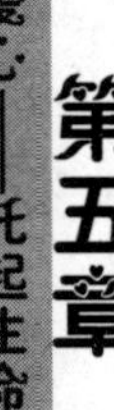

生活中，很多事情并不是随人们所愿的。很多人感到自己活得太累，太不快活。究竟什么原因使他们不快活？他们可能埋怨自己的生活太艰苦，可能埋怨子女不争气，可能埋怨人际关系难处，可能埋怨自己怀才不遇……最终原因是自己的欲望得不到满足，其实，从本质上说，是缺乏感恩之心，是他们不懂得感恩。

有一根木棍落在一个人头上，头破了，但他捡起木棍，看到另一面有钉子，心里暗自庆幸：我很幸运，有钉子的一面没有落在我的头上。

的确，当灾难降临时，怨天尤人是于事无补的，只有从不幸找寻到快乐，学会感恩生活，我们才能快乐一生，其实快乐真的就是一种心态，你对他哭泣，他也对你哭泣。懂得感恩的人，才是一个快乐的人，有一个好心态，才会有一个好的结果。

§ 人生在世，长存感恩

生活中，只有拥有一颗爱人的心，学会去爱人，才懂得珍惜，才会快乐。我们仔细观察一下，你就会发现生活中总有值得去爱的一切，不要责怪现实给予我们太少，去试探下我们的心，自己在现实中是否太冷漠了，忘记了去寻找生活中应有的快乐，忘记了感恩。人之所以不开心，也就在于此。

英国作家萨克雷说过：“生活就是一面镜子，你笑，它也笑；你哭他也哭。”送人玫瑰，手有余香。无论生活还是生命，都需要感恩。你感恩圣火，圣火将赐予你灿烂阳光。你怨天尤人，最终可能一无所有。

常怀感恩之心，就是对世间所有人、所有事物给予自己的帮助表示感激，并铭记在心。只要我们常怀感恩之心，相信你会有所收获。

一对夫妻很幸运地订到了火车票，上车后却发现有一位女士坐在他们的位子上。先生示意太太坐在她旁边的位子上，却没有请那女士让位。太太坐定后仔细一看，发现那位女士右脚有点不方便，才了解先生为何不请她起来，他就这样从嘉义一直站到台北。下了车之后，心疼先生的太太就说：“让位是善行，可是起点到终点那么久的时间，中途大可请她把位子还给你，换你坐一下。”先生却说：“人家不方便一辈子，我们就不方便这三小时而已。”太太听了相当感动，觉得世界都变得温柔了许多。“人家不方便一辈子，我们就不方便这三小时而已。”多浩荡大气、慈悲善美的一句话。它能将善念传导给别人，影响周遭的环境氛围，让世界变得善美、圆满。

“善良”，多么单纯有力的一个词语，它浅显易懂，它与人终生相伴，但愿我们能常追问它、善用它，因为老祖宗早就叮嘱过“善为至宝”，一生用之不尽啊。

有一位单身女子刚搬了家，她发现隔壁住了一户穷人家，一个寡妇与两个小孩子。有天晚上，忽然停了电，那位女子只好自己点起了蜡烛。没一会儿，忽然听到有人敲门。原来是隔壁邻居的小孩子，只见他紧张地问：“阿姨，请问你家有蜡烛吗？”女子心想：他们家竟穷到连蜡烛都没有吗？千万别借他们，免得被他们依赖了！于是，对孩子吼了一声说：“没有！”正当她准备关上门时，那穷小孩展开关爱的笑容说：“我就知道你家一定没有！”说完，竟从怀里拿出两根蜡烛，说：“妈妈

和我怕你一个人住又没有蜡烛，所以我带两根来送你。”

人人都应该常存感恩的心，这会减少一些抱怨牢骚、烦恼仇恨，心胸就会宽广和舒畅起来；常怀感恩之心，这是一种美好的情感，是生活幸福的催化剂，是事业成功的原动力，是一个人走向高贵，还原纯真的净化器。

感恩是积极向上的思考和谦卑的态度，它是自发性的行为。当一个人懂得感恩时，便会将感恩化作一种充满爱意的行动，实践于生活中。一颗感恩的心，就是一个和平的种子，因为感恩不是简单的报恩，它是一种责任、自立、自尊和追求一种阳光人生的精神境界！感恩是一种处世哲学，感恩是一种生活智慧，感恩更是学会做人，成就阳光人生的支点。

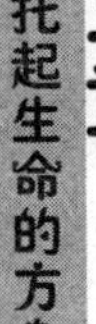

§感恩之心，人皆有之

常怀感恩，是人类情感中至真至纯的芬芳美酒；常怀感恩之心，在你闪烁着感激的泪光中，花儿般灿烂怒放的将是一个春光荡漾的美妙世界！

当你口渴时，爸爸给你递上一杯水，你是否感谢过他呢，当你烦恼时，向妈妈倾诉自己的苦恼，妈妈耐心地听完并教导你，你又是否感激过她呢？常怀着感恩的心，能够更加接收到的更多关怀与帮助，摆脱贫苦和痛苦，从而快乐的生活。一位作家曾说：“我们满怀感恩之情，不仅仅是索取，而且，必须给予，用给予来表达我们的感激之情。”是的，大自然是不断循环和流畅的，你给予的越多，你获得的越多，不是吗？只要你付出了，就会有收获，给予收获的规律就这么简单：想要获得快乐，你就必须给予快乐；想要获得爱，你就必须给予爱；想要获取财

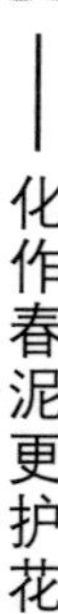

富，你就必须给予财富。

“谁言寸草心，报得三春晖”。父母给了我们生命，我们对父母要常怀感恩之心。是他们让我们来到了这个充满色彩的世界，让我们看到了世界的真善美。从早上起来的一碗热腾腾的牛奶，到一年四季被子床单的换洗，我们应该心存感激，应该感谢上天给了自己那么好的父母，感谢父母给了自己健康的身体和一个完整的家。

老师给了我们知识，我们对老师要常怀感恩之心。是老师帮我们开启了知识的大门，是老师让我们懂得了在生活中如何对于别人的帮助去说一声“谢谢”，是老师让我们明白了受到别人的恩惠，当涌泉相报，是老师从青丝到白头在三尺讲台上教书育人，他们最大的心愿就是学生个个有出息。学生能常怀感恩之心就有用不尽的学习动力。

朋友给了我们友谊，我们对朋友要常怀感恩之心。朋友能与你患难与共，在你最困难的时候，朋友能千方百计帮你，给你“打气”给你信心，助你跨过学习上各种各样的障碍物。让你刻骨铭心地觉得，朋友的情谊终生难忘。

不要总记着生活给你开的某个玩笑，不要总想着这个社会如何待你刻薄。如果你总觉得不满足、亏得慌，心怀怨恨不满，你就会愈加变得小肚鸡肠、牢骚满腹，你就会对生活失去信心，还会失去健康，以致孤苦伶仃，憔悴不堪，那么快乐和幸福只有永远与你行进在不同的平行线上。

只有知道了感恩，内心才会更充实，头脑才会更理智，眼界才会更开阔，人生才会赢得更多的幸福。懂得感恩的人，是勤奋而有良知的人，懂得感恩的人，是聪明而有作为的人。

只要我们常怀感恩之心，人生的不幸会永恒得让人永久地淹没在痛苦的海洋里。世间的纷争，生活的烦恼，永远也不会屏蔽我们心中发出的淡泊和宁静的妙音。

所以在现实生活中，就要常怀一颗感恩之心，让宽容与你我同行，我们应该乐观地对待生命，宽容的善待一切。对于你周围的朋友、同学，说声谢谢，会让他们感到快乐；对你熟的人说声谢谢，他们会有种付出得到肯定的满足；对陌生人说声谢谢，会拉近彼此之间的距离。命运不足以阻挡你的前程，只要你能正视困难，化困难为力量，成功后蓦然回首，你就会感谢困难，感谢困苦，感谢贫穷！因为它们才是你的恩人。常怀感恩之心，能让自己的心情更加舒畅。常怀感恩之心，能让我们摆脱贫穷与痛苦。常怀感恩之心，你就会发现，原来一切都是那么美好。

2 呼唤爱心，让爱心永存

怀着一份爱人的心爱自己，也爱别人，是至尊至诚的表现。爱心是伟大胸怀的人才拥有的最珍贵的东西。一个拥有爱心的人，他们具有高尚的道德品行。一不贪名，二不争利，知足常乐。

人有爱之心，人皆爱之；人存损人之心，人皆损之。爱人者实际是爱已，损人者实际是损己。

§ 呼唤你的爱心

爱心时常在我们生活中出现，从古代到现在，一直都是被人们所敬

仰的，充满爱心的人，把别人的事情看得往往比自己的事情还要重，抛弃了自己的所有想法，宁愿把自己奉献给别人。

爱心犹如人生中盛开的鲜花，鲜花到哪里，其芬芳着世间万物。并且这种芬芳还会流芳百世。

墨子的一生倡行兼爱，到处济弱扶倾，帮助弱小，抵抗强权。他既不要名，也不要利，只要是对人、对大众有益，不论远近、不论狂风骤雨，鞋子磨穿了，脚底磨破了，都在所不惜，抱着救人如救火的爱之心隋，跑去为对方排难解纷。当问题解决之后，便扬长而去！这是多么令人感动的事呀！

一次，强大的楚国，请来一名工程师公输般，打造云梯，准备吞灭弱邻宋国。这消息很快给正在鲁国讲学的墨子知道了，他为了阻止楚国攻打宋国，一连赶路走了十天十夜才到达楚国，他的鞋子磨穿了，便用布包住脚，坚持到楚国的时候，脚底都磨破了。他求见楚王，奉劝楚王打消灭宋的计划，楚王不愿意，于是他便告诉楚王说：“我已准备好了帮助宋国守城，如果你一定要攻，那是徒劳无功的。”楚王根本不相信他的言语，叫他和公输般当面推演攻防战术。演习结果出来后，“攻”的方法已用尽，“防”的手段还没有用完，搞得公输般穷于应付，下不了台。楚王对墨子说：“我还有最后一个方法，准赢不输，只是不告诉你。”墨子说：“你无非是想杀了我，以断宋国之助力，我告诉你，我的学生三百人，由滑禽等领导，早就在宋国准备好了，你即使杀了我，依然攻不下宋城！”最终，凭着墨子的“爱”“心”终于使楚王取消了攻打宋国的计划。

中国的好生之德。是人们所遵循的天命之道，也是上天的好生之德，仰观俯察，结合天心，而化育万象，得其大慈、至施爱之本心，去除人欲偏私别异之谬见，浩然正行，显出博厚高明的圣哲人士。

林肯是美国的一位巨人，从小就有“爱人”心肠，在他的一生最了不起的成就是“解放黑人”。那时黑人称为“黑奴”，同样的一个人，情感理智全同，只是皮肤颜色不同，把他们当作奴隶，当作牛马，而不把他们当人看待，这太不仁道了。所以，林肯从小看在眼里，起念在心底：有朝一日，只要他有力量，有能力，肯定要把黑人同胞解放。

后来，林肯做了联邦的众议员，于是就开始“解放黑奴”的奋斗。当时在“众人诺诺，一人谔谔”的悬殊对比之下，可以见他所遭受的打击和挫折，然而他的决心与意志却从没有动摇过。像他这样的人真是少见。

1861 年 3 月 4 日，他宣誓任美国大总统，同年 4 月 12 日南北战争爆发。1862 年 7 月他促请国会通过一项法律：允许各处逃过来的黑人参加北军，并使他们的家属享有平等、自由的权利。

对于解放黑人，林肯原先是采取循序渐进的政策，他是真心地希望黑人能够逐渐获得自由，而由政府来弥补蓄奴者的损失，然而南方的政府对林肯的这项建议不愿意接受。最后林肯只好自己拟定了一篇解放黑人的文告以示决心。

林肯在文告上签字的时候说：“如果我的名字可以写上历史的话，就是由于这一行动和我的全部精神，都已贯注在这件事情之中。”

在林肯临死前的当天晚上，他处理了最后一件公文，充满着“爱的‘恻隐之心’”。最后一件公文是一件特赦令；他赦免了一个逃兵的死刑。他在签署时说：“我想这孩子活在这个世上，总比埋在地下对我们要有益！”

人类只有“爱”心的交相辉映，才能“和平”相处，如果一旦没有了“爱”心，人们将失去自由和光明。

§让我们的爱心永驻在心中

人活在世上，不可能没有天灾人祸。重要的是要有一颗爱人之心。当看到别人身陷危难之时，一定要伸出自己的援助之手，尽自己的力量去帮助他人。

一个具有爱人之心的人，就会自觉承担起对这个社会的道德责任和义务，而且还很乐意帮助他人、济人、利人，遇难而相帮，遇危而相助，否则就会产生内心的愧疚和良心上的自我谴责。如果你帮我，我帮你，大家彼此相互帮助，那么，人与人之间肯定是友好的，社会环境也一定是纯净的。每个善良的人犹如一棵树，既能洁净空气，又能供人凉爽，还能给世界以美丽。如果每个人都像这些树一样，那我们这个世界就会变成爱的森林，我们大家就会共同拥有爱的绿荫。

一个人有了爱心，就可以宽容一切，宽容他人的长处与短处以及别人的个性；就能学会谅解，谅解别人的缺点，谅解别人的过失，谅解别人的难处；就能学会淡泊，不去争名，不去夺利，不与人斗。亚圣说："爱人者，人恒爱之；敬人者，人恒敬之。"马克·吐温说："善良是一种世界通用语言，它可使盲人感到，聋人闻到。"善良，如同美玉一般纯洁，如同春风一般温暖、池水一般透明；它是人们融洽感情的黏合剂，是沟通心灵的桥梁。从而会让更多的人感到人间的温暖。

一个人心中有爱，能援手帮助弱者或困境中的同伴，使他人摆脱困窘，心中必然会涌起欣慰之感；一个人坚信自己活在世上于他人有益，甚至是他人生活的支柱，就会产生一种精神力量。这一种欣慰之感与精神力量，不仅仅是自我完善的催化剂，当然它也是人类养生的一种营养素。

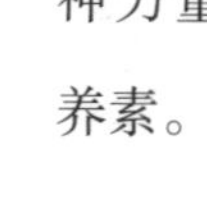

心存爱心的人，往往是内心宽大的人们，抱着一颗爱人的心去爱别人，爱能温暖我们的心房，人人奉献一份爱心，那么世界将会是充满了爱的世界。

3 爱，意味着对人的尊重

爱是超越生命的情感；爱是永恒的忍耐；爱是上苍给予我们最丰富的礼物，爱意味着对人的尊重。

生命从爱而来，所谓“爱不重不生娑婆”，父母相爱，所以我来到了人间；兄弟姐妹相爱，所以有了一个温暖的家。现代社会都提倡“爱”，有爱能走遍天下，有爱能温暖人间。爱，好比是日光、空气、水；没有日光、空气、水的爱，生命就无法生存。

但是，爱也要爱得正当，爱得合理，爱得尊重，否则借假爱的善名，做丑陋的事情，那就为人所不齿了。例如，有人把爱当作执着，有的人把爱当为占有，有人把爱当成自我，有的人把爱变为恨源。其实都是因为他们不懂得爱的含义，爱，首先要学会尊重。

§ 尊重自己才能更好地爱别人

人世间的爱有无数种的表达方式，理解并尊重你所爱的人，无疑是明智的。

从前，有一个国王，为了打败敌国的军队，求助于一个巫婆，巫婆

答应帮助国王，条件是：要嫁给这个国王的弟弟，一个英俊的骑士。但是这个巫婆又老又丑，驼背又满口脏话，让人看了就觉得很恶心。但是，国王的弟弟为了国家的利益，答应了巫婆。在国家胜利后的一个风和日丽的白天，他们的婚礼举行了，巫婆恶心的外表和没有教养的举止谈吐令所有的宾客感到不舒服……但是国王的弟弟没有一点厌恶之意，他对巫婆说："我尊重我的诺言，同时我尊重你的习惯。"巫婆很高兴…

到了晚上，这位骑士进入他们的卧室，他看见了什么……一个温柔漂亮的女子，原来这就是巫婆的原型，她说："因为你尊重我的感受，所以我决定也尊重你的感受，在一天当中我会有半天的时间恢复我的原型，但是，你希望是白天恢复还是晚上恢复呢？"骑士很苦恼，他希望白天陪在他身边的是这样一个温文尔雅的女子，这样所有的宾客们就不会感到难受了，但是晚上他希望是与这样一个容貌佳丽的女子同枕共眠……于是他说："无论你选择什么时候变回你的原型，我都尊重你的选择。"巫婆回答："既然这样，我决定从今以后都用这样美丽的一面去面对你和别人，无论白天和黑夜，因为你尊重我的感受，我也将尊重你的感受……"

俗话说，没有尊重就没有爱。所以你不爱他人，他人也就不会来爱你。如果你要爱一个人，首先你就要学会尊重那个人并且还要尊重自己。试想一个连自己都不尊重自己的人，那他怎么能爱自己呢，进而一个连自己也不爱的人，怎么可能去爱别人呢？所以，你想在自己的生命中充满爱，就必须首先学会爱自己。

我们很多青少年从来不懂得尊重自己，他们要么不喜欢自己的外表，要么不喜欢自己的声音、性格或智能，总认为自己处处比别人差劲。所以要想得到别人的爱，首先你要付出自己的爱；要想得到别人的尊重，首先学会去尊重别人；在去尊重别人之前，必须首先学会自己尊重自己。那么如何学会尊重自己呢?

一旦我们理解并欣赏自己的价值，我们就会开始欣赏别人的价值，并且尊重他们，而当我们有了尊重，我们就能够去爱了。当你学会了如何尊重自己，进而爱自己的时候，你和他人在一起就会显得轻松、自然、和谐，因为你使用一种尊重的眼光去看别人的，很自然，你的态度就会显得温和亲切，这时你也就感觉到自己能够去爱别人了。

§爱你，就会尊重你

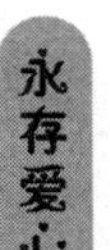

玛丽雍夫妇的儿子史蒂凡是一名品学兼优的好学生，高中毕业那年，他提出不再继续上学，而是要去里昂最大的公园当一名花匠。史蒂凡从小喜爱园林艺术，对种花弄草爱到了痴迷的地步。玛丽雍夫妇跟儿子谈话，告诉他当个园林工人收入不会太高，可能一辈子都买不起好房子好汽车，但是如果儿子把这一切都考虑过了，做父母的将尊重儿子的选择。史蒂凡如愿以偿当了名花匠，玛丽雍夫妇与朋友见面时，常会以骄傲的口气发问："嘿，最近有没有去过金头公园呀?某某地方的那个大花坛就是我儿子设计的。"

维维亚老太太居住在里昂一栋带花园的别墅里，丈夫去世后，老太太就立下遗嘱，将在身后把这栋房子无偿捐赠给一家老年俱乐部。老太太有四个儿女，都属于不太富裕的工薪阶层，他们本来都是这栋房子的直接继承人，可是当母亲做出捐赠的决定后，四个儿女无一人反对，他们帮母亲请律师办理公证，让母亲在她有生之年完全按自己的愿望行事。维维亚的小女儿说，母亲把房子捐出去，做儿女的，点不心疼是不可能的，但是再多的钱也无法与我们对母亲的爱相提并论，我们尊重母亲的决定，就是为了让她感受到儿女对她的这份情和爱。

爱是相互的，你尊重别人，别人就会用同样的尊重来回报你。给人一份温暖，你会收获整个春天的绿色；给人一缕阳光，你会收获整个夏季的灿烂；给人一串果实，你会收获整个秋天的金黄。你埋下一颗爱的种子，经过冬天的滋养，它在春天就会悄悄发芽。

如果爱是火炬，那么尊重就是烈焰，只有燃烧着的火炬才能诠释它的力量；如果爱是一只雄鹰，那么尊重就是翅膀，只有盘旋于蓝天的雄鹰才能代表他的勇猛；如果爱是嫩绿的禾苗，那么尊重就是水，只有水才能浇灌禾苗。

爱，是需要浇灌的，尊重对方的想法、处事方式，对方的人格、信仰，这样才能理解对方，才能在别人颓废徘徊于人生分岔口时给予最真诚的鼓励，才能在别人成功潇洒地登上人生的小站上传送衷心的赞美。

爱，是需要尊重来浇灌的，爱的前提是尊重。只有展现出你的尊重，才能最好地诠释爱的真谛；只有展现出你的尊重，才能最好地燃放爱的光芒。我们就是要在学校里不断地体验尊重，从而树立尊重的理念、思想、观点，培养尊重的行为习惯，学会尊重的方法。将来走上社会，为和谐社会的建设起到辐射、引领作用。

对人、对事物有深厚真挚的感情就是爱。学会在真正的生活中去爱别人，那么别人一样，也会尊重你的，爱本来就是等价的。如果每个人的心中都有真正的爱，这世界将因为充满爱而美好。

4 爱心暖流涌，处处有“关微”

伟大的爱，是需要人人去用爱心温暖着自己，也传递给别人的。异要人人都愿意去献出一点自己的爱，那么世界将会变成美好人间。多给别人一点关爱，就会温暖一个寂寞的心，就会给一个人带来许多的快乐，而自己也会从中感受到别人的快乐。

在有些人看来，财富和物资就是爱的奉献和付出，在别人困难之时给予一个关爱的眼神、一个善意的鼓励，这些都不需要你有很昂贵的付出。它们只是像顺路带别人一程，搬动一把椅子那样简单。但对别人来说那就像上帝的微笑、天使的问候。有时候你自己的一点善良，有可能会给别人带来意想不到的结果。

§ 生命要有关爱

“只要人人都献出一点爱，世界将变成美好的人间。”我们的世界需要爱；爱，编织了我们这个缤纷多彩的大千世界。关爱他人，助人为乐，是中华民族的传统美德，也是一个人高贵品质的表现。

古代有两位农夫兄弟，共同耕种一块土地，粮食丰收后各自分取一半儿。当时，做哥哥的已成婚有子，可弟弟还没有成家，一天晚上，弟弟在想：哥哥结婚有了孩子，家庭负担重，他应该多接济哥哥一些粮食，于是他起身把自己的一些粮食挪到他哥哥的仓库里，在同一个晚上

哥哥却在想：我已经有家，现在有媳妇关心我，将来有孩子照顾我，而弟弟还是单身，他应该为今后多存一些粮食，为此他起床把许多粮食挪到了弟弟的仓库里。第二天，他们发现自己的粮食一点也没有减少。于是到了第二天晚上他们也同样这样做了；第三天晚上也是一样；第四天，他们碰面了，这时才发现，他们都很需要对方，关爱之情是多么的深沉。

多给人一点关爱吧！这不但帮了别人，也幸福了自己。何乐而不为呢?

何为“人”？一撇一捺即为“人”。人一半是你，另一半就是我，这就注定了人和人之间是有关联的，人与人之间是分不开彼此的，因为关爱别人，也就是关爱自己。

有一次，年幼的丘吉尔到野外的泥沼地玩，掉进一个粪池里，被一位正在田间劳作的贫苦、善良的农夫救起，为表示感谢，丘吉尔那位有钱又有地位的父亲把农夫的儿子——亚历山大·弗莱明带走，让他到学校接受良好的教育，最后，成为英国著名的细菌学家。

如果当时没有那个农夫的乐于助人，丘吉尔早已葬身于粪池，那么，他也不会成为“二战”时期的英国首相，苦难的英国就会没人拯救。而亚历山大·弗莱明因为家境贫困而无法接受良好的教育，其智慧早就埋没在贫穷的生活中，就不可能成为青霉素的发明者。那么亿万的受着病痛折磨的生命就没人来挽救。

在一个地方，有一群饥饿的人正围着一口大锅坐着，锅里有许多美味食物，但每个人都有一把长长的汤匙，因汤匙的柄太长，无法把食物送进自己的嘴里，所以这群人仍然饿着。但另一个地方也有一群人围着煮食的大锅坐着，每个人也有一把长长的汤匙。但所不同的是，这是一群无私的善良人，他们分别用长长的汤匙盛着食物往对方的口中喂去，他们在帮助他人的同时，也使自己吃饱了食物。

由此可见，幸福获取的条件彼此都是相同的，但结果却是大不一样。首先是你自己要做到无私奉献，主动为别人的幸福创造条件，才能会为自己的幸福创造条件。只有首先做到我为人人，才能换取人人为我。在现实生活中，试想你在看见小偷正在偷别人的财物时，而你却默不作声、袖手旁观，你能奢望别人在你遇到困难时会为你伸出援助之手吗？想想那些拿着长长的汤匙的人，只有把汤匙盛满食物送进别人的口中，别人才会把食物送进你的口中，如果不然，只有像第一群人一样，守着汤匙挨饿。

§ 传递爱心，处处有温暖

在人生的长河中，每个人都难免会遇上不可预测的困难。当别人遇到困难时，我们伸出热情的援助之手，帮助别人搬走脚下的绊脚石，实际上也是为自己搬走了绊脚石。接过别人的包袱，减轻别人的负重，有时正好能平衡自己肩头负担的分量。由此，关爱他人，就如同关爱自己。

让我们用美丽的心灵，传递人间的真情，把关爱作为生活中的一部分，把关爱放到我们做的每一件事情中，成为我们思想道德中的一部分。用自己的真心关爱他人，用自己的诚心温暖社会。“在寒冷中最先死去的不是没有衣服的人，而是自私的人；只有相互拥抱才能带来温暖。”是的，关爱是何等重要，它是维系人与人之间美好关系的桥梁。关爱他人并不一定要牺牲自己，小小的关爱也是最大的善行。

所谓平凡之中见真情，有许多事都是从不起眼的小事中体现出

来的。

爱心是生命里的阳光。它让我们拥有的每一个日子都变得缤纷多彩，每一个历程都变得温暖明亮。关爱自己，学会脚踏实地地走向明天；关爱他人，让需要帮助的人都感受到社会的温暖。学会去关爱他人，同时也给自己一颗温暖善良的心！

5 让爱心永存心间

说起爱心，相信青少年朋友们都不陌生。爱心就是指对他人、对社会关怀、爱护的一种心理过程和行为。

冰心曾说："爱在左，同情在右，走在生命的两旁；随时撒种，随时开花，将这一径长途，点缀得香花弥漫；使穿枝拂叶的行人，不觉得痛苦，有泪水可落，却不是悲凉。"

§爱，是它本身的回报

朋友们，当我们面对杂草丛生的荒地，而去憧憬和播种自己看不见的花朵，这时就需要有一颗不朽的心、一颗高远的心、一颗乐观的心和一颗无私的心。只要我们心中有花，不管是在什么样的荒地上都能够春色满园。

有位妇人走出屋外，看到有三位留着长长白须的老人站在她家门口，妇人并不认识他们。

她说：“我想我不认识你们，可是你们一定饿坏了，请进到里面来吃点东西吧！”

“我们不能一起进一间房子。”他们回答。

“为什么这样呢？”她想知道。

其中一位老人解释说：“他的名字叫‘财富’。”他指着他的一位朋友说道，随后又指着另一位说：“他是‘成功’，而我是‘爱’。”接着他又说，“你现在进去和你丈夫商量一下，你们想要我们哪一位进到你们家。”

这位妇人走进屋子，并告诉她丈夫他们所说的。她丈夫简直高兴坏了，连忙说道：“太好了！既然这样，我们就应该邀请‘财富’进来，让他进来把我们家充满财富！”

妇人很不同意地问道：“亲爱的，为什么不邀请‘成功’进来呢？”

他们的媳妇在屋内的一角，听到他们的对话，于是也过来并发表自己的意见，说道：“如果把‘爱’邀请进来不是更好吗？那样的话，我们家里面也会因此充满了爱。”

于是，丈夫就对妇人说：“那我们就接受媳妇的建议，邀请爱进来吧！”接着便说道：“去，邀请‘爱’当我们的客人。”

妇人走到外面问那三位老人：“你们哪一位是‘爱’？请进来当我们今晚的客人吧！”

“爱”站起来并走向屋子，其他两位也站起来跟随着他。

惊讶的妇人问“财富”和“成功”：“我只请了‘爱’，为什么你们也要进来？”

三位老人一起回来说：“如果你只请‘财富’或是‘成功’，那么，另外两人将留在外面。但是你邀请了‘爱’，‘爱’走到哪里，我们就跟到哪里！”

由此可知，爱心在社会中所起的作用是财富和成功都无法比拟的。

通常，生活中的种种不如意都会让我们愤愤不平，而且还会感觉自己的生活缺少了爱，这个世界也缺少了爱。

如果你再次抱怨这些的时候，不妨试着努力让自己暂时忘记外面的世界，同时也忘掉他人，然后体察一番自己的内心世界，看自己是否能够付出比自己想得到的更多的爱，扪心问一下自己能否既为自己，同时也为他人而唤起更多的善念，能否把这些善念推及至身边的其他人，即便是那些自己认为并不值得的人。

所以说，我们能做到的就是：努力做一个内心充满爱的人，不要太在意是否能够得到别人的回报，因为这是我们所无法左右的。只要我们心中充满爱，便会很快发现，生活向我们揭开了世间最大的一桩秘密：原来，爱，就是它本身的回报。

§ 让爱心永存心间

在抗击非典这场没有硝烟的斗争中，我们明显可以看到人与人之间、领导与群众之间无限的深情，无价的呵护和无私的支援。在突如其来的海啸灾难中，许多国家捐赠救灾物资，各种“献爱心”的动人场面构成了一道亮丽的人间美景。

有一位平凡的老人名叫白芳礼，他在生命的最后19年，省吃俭用、顶风冒雨奔波在街头，用蹬三轮车积攒的近35万元钱，资助了近300名贫困学生，而他的私有财产账单上是一个零。这完全可以说明，爱在我们的社会中一直悄然地成长着，爱别人，也被别人爱。因此，不管我们发生了什么灾难，在灾难面前，我们都能用爱心谱写出一曲曲壮丽的诗歌，从优秀的品格中产生出强大的凝聚力，用坚毅和勇敢筑成一道道万里长城，这就是我们中华民族的希望之所在。

生活中也正是有了亲人、友人那润物细无声的融融爱意，我们才能够时刻充满着希望，并向往着未来。生活不能没有爱，多少心灵之园因为没有爱的滋润，而变得冷寂荒芜。同样，春风化雨般的爱，又安抚、温暖了多少无私无畏且受伤的心灵，重新点燃了多少死灰般的希望。可以说，没有任何人愿意生活在一个没有爱的世界里。

爱他人，甚至从自身的不幸中，悟出对生活的真爱，从而加倍的珍惜自己来之不易的幸福。生活也因此给予了他们温暖的回报。于是我们也应该懂得，要想让生活充满爱，就绝对不能等待别人的付出，相反的是应该学会自己去探求、去奉献。我们一切充满爱心的行动，都自然而然的会成为他人所效仿的榜样。

一直以来，人们对自己的国家和这个崭新的社会充满着深深的情感，是因为她多彩、庄重而充满爱心。青少年对自己的校园充满深深的情感，那也是因为心中充满爱心。一个人富有爱心不仅仅表现在捐赠物品上，还体现在关爱社会的一些道德修养上。

朋友们，做一个有爱心的人并不难，生活中只要我们对亲人、朋友、同学多一些问候，对残疾弱小者多一些力所能及的帮助，多做一些举手之劳的事情，一个爱劳动，讲文明，讲卫生的人都是一个有爱心的人。

只要人人都付出一点爱，世界将变成美好的人间。我们要时刻记住这句话，并让爱心永存心间，让爱心付诸实践。

6 帮助别人，快乐自己

俗话说：“一个篱笆三个桩，一个好汉三人帮。”在现实社会生活中，任何人都不可能孤立存在，不管他是怎样的英雄豪杰，有着多大本事，一旦他处于孤立无援的境地，就会感到力量单薄。相反，如果他有着身边人的支持和帮助，那么他便能够振作精神，从而更加努力地奔向成功。所以说，生活在这个世界上，我们离不开别人的帮助，别人也同样需要我们的帮助，

§帮助自己，快乐自己

帮助别人，也就是助人。助人的最高境界不是施舍，而是尊重。我们在帮助他人的同时，也在无形中帮助了自己，同时自己也能够从中获得到更多的快乐。

我们帮助别人是给自己心灵的一次最好的慰藉，与此同时，也是自己享受生活中的轻松快乐之根源。

纪伯伦年轻的时候，曾经拜访过一位圣人。这位圣人住在山那边一个幽静的林子里。正当纪伯伦和圣人谈论着什么美德的时候，一个土匪瘸着腿吃力地爬上山岭。他走进树林，跪在圣人面前说：“啊，圣人，请你解脱我的罪过。我罪孽深重。”

圣人答道：“我的罪孽也同样深重。”

土匪说："但我是盗贼。"

圣人说："我也是盗贼。"

土匪又说："但我还是个杀人犯，多少人的鲜血还在我耳中翻腾。"

圣人回答说："我也是杀人犯，多少人的热血也在我耳中呼唤。"

土匪说："我犯下了无数的罪行。"

圣人回答："我犯下的罪行也无法计算。"

土匪站了起来，他两眼盯着圣人，露出一种奇怪的神色。然后他就离开了他们，连蹦带跳地跑下山去。

纪伯伦转身去问圣人："你为何给自己加上莫须有的罪行？你没有看见此人走时已对你失去信任？"

圣人说道："是的，他已不再信任我。但他走时毕竟如释重负。"

正在这时，他们听见土匪在远处引吭高歌，回声使山谷充满了欢乐。

有时，在与人交往中，我们需要做的是安慰别人，而不是标榜自己。为了能够让别人快乐，自己忍受一些误解，又有什么关系呢？帮别人解脱也是一种助人为乐的体现，况且你在帮助别人的同时也帮助了自己。

膨胀的自我私欲使我们忽略了一个根本性的事实，那就是：我们共同生活在这条人生的大船上，别人的好坏是与我们息息相关的，虽然别人的不幸不能给我们带来快乐。然而，其实质上，我们在帮助别人的时候，也是在帮助我们自己。

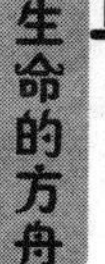

§ 帮助别人，生活更有意义

有两个钓鱼高手一起到鱼塘钓鱼，一个叫小李，一个叫小王。他们

两人各凭自己的本事，一展身手，隔不了多久的工夫，各自都大有收获。在鱼池附近忽然来了十多名游客。这些游客看到这两位高手轻轻松松就把鱼钓上来，不免有几分羡慕，于是都去附近买了一些钓竿来试试自己的运气怎样。

但没想到的是，这些不擅此道的游客，不管怎么钓都没有一点成果。而这两位钓鱼高手又有着完全不同的性格。小李是一个比较孤僻的人，他不爱搭理别人，喜欢独自享受钓鱼的乐趣；而另一位高手小王，却是个热心、豪放、爱帮助别人的人。当小王这个爱帮助人的钓鱼高手看到游客钓不到鱼时，就说："这样吧，我来教你们钓鱼，如果你们学会了我传授的诀窍，并钓到一大堆鱼时，每十尾就分给我一尾，不满十尾就不必给我。"双方一拍即合，都表示同意。小王教完这一群人，又到另一群人中，同样也传授钓鱼术，仍然是要求每钓十尾回馈给他一尾。一天下来，小王把所有时间都用于指导垂钓者，不仅获得满满一大箩筐的鱼，而且还认识了一大群新朋友，同时，左一声"老师"，右一声"老师"，备受尊崇。而同来的另一位钓鱼高手小李，却没享受到这种服务人们的乐趣。当大家围着其同伴小王学钓鱼时，他就更显得孤单落寞了。闷钓了一整天，检视竹篓里的鱼，他的收获也远没有同伴小王的多。

事实上，当我们帮助别人获得成功时，自然也会得到一定的回馈。有谁不愿意享受美好的事情呢？帮助别人，就会快乐自己。帮助那些需要帮助的人是一种美德，在社会生活中，任何一个人都不可能孤立存在，一个处于困境的人如果有很多人的支持和帮助，那他就会重新振作自己的精神，从而产生巨大的力量。

如果我们帮助别人，那么就会创造一个良好的社会环境，让社会生活变得十分的安宁和谐，富有凝聚力。只有毫不吝啬地帮助别人的人，才会有幸福和快乐的感觉。帮助别人，既能使自己感到一种兴奋，也能

使人树立起高尚的形象，受到人们的尊敬。孟子说：“敬人者，人恒敬之；爱人者，人恒爱之。”正是这个道理。

在相互关心、相互帮助的温暖中，不但可以使他人生活得更美好，而且还可以使自己的生活更有意义，同时也让自己得到了一份快乐。既然如此，那么我们何乐而不为呢？

7 呼唤善良

罗素罗兰说：“在一切道德品质中，善良的本性在世界上是最需要的。”

播种善良，才能收藏希望。一个人可以没有让旁人惊羡的姿态，也可以忍受“缺金少银”的日子，但离开了善良，却足以让人生搁浅和褪色，因为善良是生命的黄金。多一些善良，多一些谦让，多一些宽容，多一些理解，让人们在生活中感受到美好和幸福。这是善良的人们向往和追求的，也是我们勤劳善良的中华民族所提倡和弘扬的。

§ 心存善良，献出自己的爱心

古语曰：“人之初，性本善。”善良之心，人皆有之；善良之举，人人可为。想要拥有善良，并不在于钱财的多与少，也不在于年龄的大与小、体格的强与弱，只要有善心、施爱心，对于他人来说都是冬日的阳

光，雪天的薪火。心存善良的人，总是在播种阳光和雨露，医治他人的心灵与肉体上的创伤。人世间多一些善良，也就自然会多一些谦和，多一些宽容与理解。

一个拍卖会上，正在进行拍卖二十辆山地车。一个小男孩每次都只出价十美元，因为他的口袋里只有十美元，而他又是那么地喜欢那些山地车。当然，一辆山地车的价值肯定不仅仅就十美元，所以总会有更多的人叫出远远高于十美元的价格买到了那些车。伴随着拍卖会的继续进行，山地车也渐渐地被一个个的买主所领走了。在最后一辆山地车推出去的时候，小男孩仍旧高高地举着自己手中的牌子，喊出："十美元！"他眼中的渴盼一如从前。然而这一次非常出乎人的意料，整个拍卖场内鸦雀无声。"十美元一次！"主持人大声叫道，无人应答。"十美元两次！"寂静依旧。"十美元三次！""成交！"这位小男孩如愿以偿地拥有了自己盼望已久的那辆心仪的山地车，此时，他的内心充满着愉快与满足。

从这则故事中可以很明显地看出，善良的是那些拍卖会上的人们，而坚持的则是那个小男孩。人们在小男孩第二十次喊出"十美元"时被他的执着所深深地打动了，因此他们用自己的善良照亮了那个小男孩；与之相反，那个小男孩在失败了十九次之后仍旧坚持着强烈的对山地车一如既往的渴望，于是他的坚持照亮了自己，他非常顺利地用自己仅有的十美元得到了那辆山地车。

其实，在我们生活中太多的机会完全就可以去做一个照亮别人的善良之人，只是在于我们愿不愿意罢了。在大街上，不闯红灯，这就可以称为是善良；在公车上，给行动不便的人让个座，这是善良；路过球场时，帮场上的人捡回滚到我们脚边的球，这也是善良；不轻视弱势群体，这是善良；对别人多赞美几句，这是善良；尊老爱幼，这还是善

良。从根本上来说做到善良一点也不难，只要动用我们的举手之劳，就完全可以照亮别人。

善良是一种风度，也是一种修养。它把高尚与友情，忠实与勇敢，全都吸纳到爱的生命中，生活也因此而变得更加美好。

因此，在生活中我们要心存善良，时刻为，他人献出自己的一份爱心。善良的行为，慈善的心，将会使人间充满无限的温暖，让社会也永远光明。

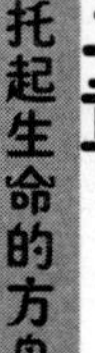

§ 善良——生命的无价之宝

一场暴风雨过后，成千上万条鱼被卷到一个海滩，一个小男孩每捡到一条便送到大海里，他不厌其烦地捡着。一位恰好路过的老人对他说："你一天也捡不了几条。这样劳累，又有谁在乎呢？"小男孩一边捡一边说道："这条小鱼在乎。"一时间，老人为之语塞。

人世最宝贵的是什么？是"善良"。善良是历史中稀有的珍珠，善良的人几乎优于伟大的人。

救助别人就等于是救助自己，每一个心存善良的人一定会得到回报。心中怀有善良的人，他们的善良不仅表现在行动上，在他们的言语中也充满了关爱。

一个寒冬的早晨，马克·吐温走在空旷的大街上，路旁一位乞丐走过来，把脏兮兮的、冻得发红的手伸向马克·吐温："先生，行行好吧。"马克·吐温摸遍全身也没摸到一分钱，困窘地伸开双手握着乞丐的红手说："兄弟，真的很对不起，我没带一分钱。"

此时，乞丐的眼角噙满了泪水，用手紧握着马克·吐温的手说："谢谢您，先生，你已经给了我最好的礼物。"

在这里，马克·吐温的善良和仁爱给了乞丐心灵的温暖，使乞丐在这个寒冷的冬天不再寒冷。

善行必会衍生出另一个善行，而且善行终将会招来善报。生活中，我们应主动地伸出援手去帮助那些需要帮助的人们，那么，在自己有困难的时候，一定也能够得到他人的帮助。

孔繁森曾说："一个人的最高境界是爱别人，一个共产党员的最高境界是爱人民。"对于一个文明和谐的社会而言，遗失善良就是遗失了道德价值，没有爱心就没有了是非标准。人类美好的追求就是建立平等、互助、协调的和谐社会。从这个意义上讲，多一份善良，人生就多一份亮丽和丰盈；多一份爱心，人间就多一份仁爱和温馨，坚守善良就是坚守道德；奉献爱心就是奉献真、善、美。事实上，"授人玫瑰，手留余香。"在关爱他人的同时也会赢得他人的关爱。因此，我们要呼唤善良，常怀善良之心。

每一颗善良的心都是纯净的玉石。因为善良是人类千古流传下来的瑰宝，以其岁月凝聚的光辉闪烁着永远不变的色彩。所以说，善良是人类赖以生存的大树。只要我们袒露一颗善良的心，世界便会向你报以微笑。

善良往往用一种无言的纯朴表达感情，然而对于它充满了丰富的内涵。因此，我们相信善良的魅力，它会让人们获得到快乐与幸福。

一颗颗善良的心，是联结起人与人之间的一道美丽的彩虹。我们相信善良，但是在有的时候善良很有可能会被卑劣伤害，可是它却不会折断自己的翅膀，有时善良可能会被命运所捉弄，但它从来不会丧失自己的信心。因为善良是一片宽广的海洋，在不论任何时候也不会自动封冻。

在当我们付出善良或者我们获得善良的之时，那种温情，那种慰藉，让心与心更加地贴近，让人与人之间更为亲密。

青少年朋友们，善良是人生当中的最好朋友，应该与你时时相伴一生一世。有一位智者告诫人们：“可以交出你的皇冠、珠宝和金银，但绝对要保留你一颗善良的心。”由此可见善良的珍贵程度，它是人类生命的无价之宝。

第六章

乐于奉献——为他人开一朵花

人生的价值在于奉献，乐于奉献的人常为别人开一朵鲜艳的花朵！

奉献爱心，能体现自己的人生价值，更能让自己的心灵得到洗涤。

在这个纷乱复杂的世界里，唯一能够让大家维系在一起的便是爱心。青少年是一个年轻又充满活力的群体，他们的爱心一定更具有号召力和感染力，所以更应该用自己的行动来让世界充满爱。青少年应该明白奉献爱心的价值和意义，哪怕是用自己微薄的力量向社会付出自己仅有的一点热量，也能发挥出神奇的效果。

乐于奉献，是每个青少年人生中的必修课！

1 奉献一份爱心，绽放生命之花

爱心是对于处在困境中的人们，伸出援助之手，使他们摆脱困境。一次爱心的援助，带给他们的不仅仅是帮助，更是生活的温暖和未来的希望……在给受助者提供物质帮助的同时，更是传递了一份爱心，拉近了心与心的距离，施与爱心是一种生命价值的集中体现。

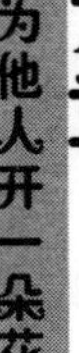

§ 爱心——生命的真谛

心存感动，才能让爱心飞扬。而拥有爱心的人才充满了对生活的热爱。热爱他人就是善待自己，爱心的回报有时候超过了金钱的价值，甚至能挽救人的生命。

2004年年末，正值印度洋海啸发生不久，一天，一对年轻的夫妇来到青岛市红十字会，他们说替朋友为灾区捐款5万元，但不愿意留下姓名，他说那就叫“微尘”吧，问其原因，他说我们本身做这个微小的事情就像一个微小的尘粒一样，并不是多么大的事情，事后工作人员一查，发现这位神秘女士已经使用“微尘”的名字进行过多次大额捐款：非典时期捐款两万元，新疆喀什地震捐款5万元，为白血病儿童捐款1万元，湖南灾区捐款5万元……那么这人到底是谁呢?

2005年，青岛早报开始在新年的第一天开通热线寻找这名热心人。两天过后，寻人热线并未收到任何有效的线索，但在早报的寻找过程

中，一个又一个“微尘”出现了：数名大学生拿着自己的生活费赶到街头募捐点，他们说自己是“微尘”；一名白发苍苍的老人拿着退休金走进市红十字会办公室，在募捐花名册上留名“微尘”；一位母亲抱着三岁的儿子，向募捐箱里塞进压岁钱，这名母亲说：“他也当粒小微尘。”一直到现在，青岛市红十字会收到的上千万笔捐款中，很多捐助者都署下了同一个名字：微尘。

默默无闻、不图回报的“微尘”，越来越多，从一个人慢慢发展成一个爱心群体，由一个群体成为一种普遍的风气。微尘，已经成为人们的爱心符号。

献出爱心的这些人们各有各的缘由，有的是同情弱者，有的是乐善好施，有的是想为社会做些事情，但不管其出发点是什么，得来的结果都是最好的，得到这些爱心的人们的生活也都因此变得丰富幸福起来。

爱心对一个人来说是一种心态，是一种精神，是一种生活境界。“爱是一种能力，而不是对象，爱是一种主动行为，它包括责任、尊重、了解、照顾……”

爱心是要传递的。我们不是仅仅因贫而助，而是因助而助。爱心绝对不是无条件的，爱心要对社会负责。爱心会让我们懂得生命价值的真谛，也懂得了生命的价值所在。

§生命之花因爱心而绽放

在德国的北方一个小镇的修鞋店内，有一个用红白大理石修建的专为非洲捐鞋的“捐鞋台”，几乎每天捐鞋台上都摆放着各式各样的鞋，那些鞋看上去都十分干净，和新鞋没有什么两样。更震撼着人们内心的，就是店内正面墙上悬挂的一幅黑白大照片：一个瘦骨嶙峋的黑人躺

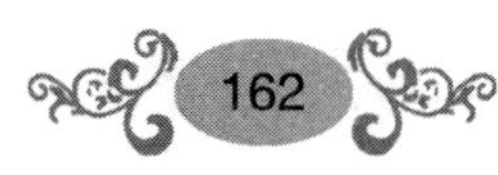

在杂草丛生的公路旁，两手抱着流血的双脚，痛苦万分。鞋店店主正是因为看到这张20世纪60年代的照片，才改变了自己的人生。他萌生了向非洲捐鞋的想法，于是他就辞去鞋厂主管的职务，从此办起了修鞋店并且还修建了捐鞋台。他说："看到这张照片时，我有生以来第一次在众人面前流下了眼泪，那是一个日耳曼男人的眼泪，绝不是轻易流淌的。"其实向灾区以及慈善福利机构捐赠，事实上都是在捐献一份诚挚的爱心。

人生在世，的确有着不同的命运，有的人生来就衣食无忧，而有的人却食不果腹；还有的人整天生活在幸福之中，却还有人在遭受着灾难的折磨。那么，为什么我们不能去帮助他们？帮助他们重新找到应有的幸福呢？也许我们的力量在帮助他们时有限，可是最重要的是爱心，哪怕只是在他们的精神上安慰。

也许你今天能给予别人的帮助，是你的心而非是你的荷包，由你费心思花时间，而不是匆匆采购应付的爱心，就是你的热忱。你可以少买一件你并不是十分需要的物品，你可以用自己的爱心，去帮助一些灾区或者在你身边遭遇困难的人。

每个人都拥有一颗心，它在人体内虽然是那么渺小，但它的作用是我们永远无法忽略的，不是吗？心，可以分许多种，爱心就是其中的一种，爱心也是人一生中最为宝贵的东西，拥有一颗无私"爱心"的人是一个善人。

世界上，没有人必须为谁做什么，也没有人必须要做什么，很多时候是发自内心的一份向往，是一种自觉自愿的行为。如果每一个人，都拥有一份爱心，去面对生活，面对工作，面对朋友，那这个世界将有多么美好啊！拥有一颗爱心，常怀感激之情，就如在心中点燃一盏灯，灯的光芒，足以温暖冰冷的心灵，足以洞穿沉寂的黑暗。拥有爱心，学会

感激，就如生活在一个温馨浪漫的家园里，足以让你享受甜甜的梦，浓浓的爱。用自己的爱心去温暖身边那些曾为你付出爱的人。

爱是无价的，爱也是不易言表的，爱需要我们自己去体味。只有你付出了爱，才会收获爱的芬芳，只要我们心里想着他人，那你就在付出着爱。

爱心是每个人都需要的精神食粮一样，如果没有一颗爱心，那么外表看似充实的生活其实非常空虚，人生就没有什么真正的价值。拥有一颗爱心会让你感受到人间的真情所在，让你的生活充满了情感色彩。

因此，青少年朋友们在成长的道路上一定要充满爱心，对人对己都一样，不能只为了自己而失去了自我，要学会在爱的海洋里生存，这样便能够让自己的人生更加精彩，要时刻记得：奉献出自己的一份爱心，生命之花将因此而绽放。

2 爱是无私的奉献

法国著名作家罗曼·罗兰曾说：“爱是生命中的火焰，没有它一切变成黑暗。”这也正如天主教会歌中唱的那样：哪里有真爱，哪里就有真情。

爱是理性的太阳，温暖着人群，照耀着世界，爱是感情的江河，浇灌着今天，滋润着未来，爱是一份无微不至的关心，是一份责无旁贷的责任。是一种深刻的认识，是一种理解的尊重。

§ 爱是无私的奉献

现实生活中，我们应该多给别人一点关爱，有时候，可能长久的怨恨就在那一个充满真诚的微笑当中化干戈为玉帛；给别人一点关爱吧，也许是一句微不足道的话语，都可能会在一块荒芜已久的心田中绽露出绿色。俄国作家车尔尼雪夫斯基也曾说：“爱一个人，意味着要为他的幸福而高兴，还要为他能够更幸福而去做需要做的一切。”

一个从战场归来的士兵从旧金山打电话给他的父母，告诉他们：“爸爸妈妈，我回来了。可是我有个不情之请。我想带一个朋友同我一起回家。”

“好啊，我们欢迎他！”他们回答，“我们会很高兴的。”

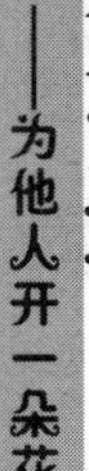

接着儿子又继续说下去：“可是有件事我想先告诉你们，他在越战中受了重伤，少了一条胳臂和一只脚，他的家人不愿意接纳他，他现在走投无路了，我想请他回来和我们一起生活。”

“儿子，真的好遗憾，也许我们可以帮他找个安身之处。”父亲接着说，“儿子，你知不知道自己在说些什么？像他这样残障的人会对我们的生活造成的负担会很大的。我们还有自己的生活要过，不能就让他这样破坏了。我建议你先回家然后忘了他，他会找到属于自己的一片天空的。”

听到这里，儿子挂上了电话，从此以后他的父母就再也没有他的消息。

过了几天后，这对父母接到了来自旧金山警局打来的电话，告诉他们亲爱的儿子已经坠楼身亡了。于是他们伤心欲绝地飞往旧金山，在警方带领之下辨认儿子的遗体。令他们震惊的是，儿子居然只有一条胳臂和一条腿。原来先前儿子所说的朋友正是他自己。

爱是人的一种基本需要，失败的生活往往是缺乏爱的生活，它必然会给人带来问题、烦恼、疾病甚至生命的枯萎。

爱是什么？爱是关心，爱是理解，爱是无私的奉献。它是一种无私奉献的精神，具体的反映和体现正是社会成员对国家、集体和其他需要帮助者的一种纯洁高尚的道德义务关系。

人的一生不能没有爱，有了爱的生活才是最美好的生活。我们应该爱自己的亲人、朋友，但更应该去爱周围的人，爱整个社会和人类。如果一个人只爱某一个人，显然那种爱不是真正的爱，它应是共生的依附，是一种扩大了的自我主义。倘若对个父母只爱自己的孩子，可他却丝毫不关心、不爱其他的人，对其他的人表现得很自私，甚至残忍。这就是一种自私的爱，也可以说是一种虚假不真实的爱，同时，这种爱也是一个悲剧。当然我们也会丢弃这种狭隘的爱。

§爱是永恒不变的美

爱是这样的真，这样的纯。爱可以让枯枝长满鲜果，爱也能让沙粒变成珍珠，爱也会让受灾的群众重新唱起了欢乐之歌。

爱是一种无私的奉献；爱是美丽的港湾；爱是纯洁而美丽的；爱是宽容又和谐的……总之，爱是公共的，只要你真心付出，就可以拥有它。爱的方式可以有很多种，爱的含义同样也是很多的。

有一个被命运抛弃的人。在他的经历中，疾病找上了他，而梦想、幸福和一切却选择了离他而去。2000年5月，在他住进了医院时。他全身皮肤腐烂，各项化验指标显著增高，他所患的疾病是重型肺炎，病情十分严重，随时都有离开这个世界可能性。这沉重的一击，让他难以接受。但经过大夫及时准确的用药治疗和护士们的精心护理，他终于脱离了危险期，病情也一天天的好转起来。在这里他终于感受到那种从未有过的温暖，是医务人员那炽热的心感召着他。她们是给人类带来幸福和快乐的天使。因为经济困难，他的治疗又陷入了困境，护士们知道后便为他捐款，护士小李家住外地，平时节俭，当听说要为他捐款，小李慷慨解囊，捐出了自己的部分积蓄，钱虽不多可那份情却是无价的。医院领导了解了他的情况后，非常关注他，院长也多次亲自询问他的病情和生活，现在的他病情平衡了，日渐康复，全是那些白衣天使给了他第二次生命，是医务人员使他从“绝望”中“复活”。

在这个世界上，父母的爱是最伟大的爱。父母对子女的爱更是无私的。他们日夜守护着儿女，精心呵护着儿女。父母不求什么报酬，只是盼望儿女茁壮成长。当有一天我们成就辉煌，我们不能忘记父母，因为我们今天所取得的一切都要归于父母伟大而无私的爱。

唐代诗人孟郊在《游子吟》中写道：“慈母手中线，游子身上衣。临行密密缝，意恐迟迟归。谁言寸草心，报得三春晖。”这首诗描绘了一位慈母，在为即将远行的儿子赶制衣服的动人情景，表现它将母亲疼爱子女的深厚感情表现得淋漓尽致，同时也抒发了子女要报答母恩的炽烈情怀。爱的伟大，真的让人感动不已。

爱没有贫贱富贵之分，我们要想照亮世界的每一个角落，那我们就要真心真意地爱，并且我们要把爱奉献给我们身边的每一个人。

3 人生因奉献而闪光

蜡烛有牺牲自己的奉献精神，她愿意播放光明，却必须由别人施她以火种去点燃她、呵护她，她才有生命，才有燃烧的泪，才能够释放自己的光芒。然而这时，还需要有人为她修剪灯花，拨正灯芯，遮风挡雨，她才不会暗淡，不会熄灭，才会一如既往地燃烧下去，直至成为灰烬，实现愿望。

每一位善良正直的人都是一支蜡烛，他们都愿意为人类的美好、祖国的昌盛、企业的兴旺、家庭的幸福去做出一番有益于社会，有益于集体，有益于家庭的事业，只要达到点燃自己的临界点，他就会燃烧自己，奉献自己，释放出耀眼的光芒。

§ 奉献他人，快乐自己

落叶的一生虽然短暂，可是它的整个生命都尽其所能地为别人着想，为别人服务。春季，刚刚发芽，嫩绿的外衣给大地带来春的消息，把沉睡已久的大地装点得春意盎然；夏季，枝繁叶茂，浓密的叶子成为人类天然的保护伞，阻挡了强烈的紫外线；秋季，毅然落下，给来年的新叶提供了表现自我的舞台；冬季，融入大地，为树木今后的成长提供了养料。它不求名，不图利，默默无闻地为别人奉献了自己短暂的一生，这精神多么可贵呀！正因为这种精神，它短暂的生命才变得光辉

灿烂!

有一个国王，很宠爱他的儿子。王子每天过着衣来伸手、饭来张口的日子，要什么有什么。但是，他一次也没有笑过，天天都是愁眉苦脸。

一天，有位魔术师对国王说，他有办法让王子高兴起来。国王兴奋地说：“如果你能让王子高兴起来的话，你要什么我都给你。”

于是，魔术师带着王子进了一间密室，他用白色的东西在一张纸上涂了几笔画，然后交给王子，并嘱咐他点亮蜡烛，看纸上会出现什么。说完，魔术师走开了。年轻的王子在烛光的映照下，看见那些白色的字迹化作美丽的绿色，变成这样几个字：“每天为别人做一件善事。”王子按照他的话做下去了，不久，他果然成为一个快乐的少年，天天都很开心。

奉献是一种精神，奉献是美好的，也是美丽的，奉献在给予别人的同时，自己也在收获着快乐。

世上如果没有火柴自我燃烧般的奉献，哪来蜡烛“燃烧自己，照亮别人”的美誉；没有根甘愿伸向泥土，许下永不见阳光的诺言，哪来一株株参天的古木；没有鲜花自我结束芳香的奉献，哪来枝头的果实累累。当你取得成功时，不要忘记：你的成功源自别人的奉献。

牛顿说：“我看得比别人远，是因为我站在巨人的肩膀上。”是的，一个人的成功离不开别人的奉献，倘若没有别人，还能成就你今天的成功吗？要记住没有太阳的自我燃烧，哪来我们的光明。没有别人的奉献，就没有你的成功。

当你回味人生，你就会发现，你最幸福的时刻，就是你能够无私地奉献自己一颗爱心的时刻。你可以奉献你的物质财富，你可以奉献你的聪明才智，你可以奉献你的爱心与力量。只要你能够义无反顾地做到关

心他人的疾苦，乐于助人，从精神上来说表达的就是爱，你就会发现了真正的追求，只有这样你的心灵才得到慰藉，你的人生才有意义。

奉献是一种美，春雨般的奉献是天然的美，是无法遮盖的、无法抗拒的美。奉献是范仲淹的“先天下之忧而忧，后天下之乐而乐”；是著名教育家陶行知的“捧着一颗心来，不带半根草走”，他们都是可爱的奉献者，为奉献做了最好的诠释。

§ 人生因奉献而闪光

很多人都认为，自私是世上一切不幸的根源。往往那些贪欲的人，为了自己永远不知足的胃口，当他们绞尽脑汁、不停地去满足自己永无止境的欲望时，到头来才会发现自己是一个被关在自建的炼狱中的囚犯，伴随着自己的总是失落和悲伤。因此，你只有把全部的心思、并心甘情愿地为了他人的利益与幸福，毫无保留地奉献自我，你才不会因为没有受到重视、恭维，而感到委屈和伤害。反之，你会发现，对于你来说，看似付出与损失，甚至痛苦，你却在奉献的过程中不断地净化了自我，培养出纯洁、自我牺牲、充满爱心的优良品质，最后却证明了是至高无上的收获与回报，你永远沐浴着快乐的阳光。

只要是你能够奉献的事情，就不要吝啬自己的力量，不断地做出奉献，只会让你变得更加有力，而不会损失你的毫毛，为别人送去快乐，也为自己带来快乐。赠予别人要慷慨些，那样，你完全可以心安理得地享受善意带来的快乐。行善是美丽的，感恩也是美丽的，行善和感恩都是让人快乐的。让自己生命的能量，化作亮光，既能照亮别人，也能让自己在光明里前进。能够奉献多少，那是自己的事情，奉献的价值是多少，那是别人的事情。你只要让自己做出奉献，你的奉献就具有价值。

公元前71年，斯巴达克斯领导推翻罗马大帝的奴隶起义，但不幸失败，罗马库官对抓获的几千名斯巴达克斯部队的俘虏说：“只要你们交出他，就不会被钉死在十字架上，”在一段沉默之后，斯巴达克斯站起来说：“我就是”然而奇怪的一幕发生了，就在罗马军官将要把他带走时，身边的其他俘虏竟然都接二连三地站起来说自己才是斯巴达克斯，短短几分钟内，所有的俘虏都站了起来。这种连生命都争先恐后地甘愿付出的奉献精神，不得不让人感动。

自然界中无论什么事都要懂得牺牲自己去创造多姿多彩的世界，人们何尝不需要使这种精神得到升华呢?

“润物”是一种奉献：牺牲自己，滋润他人。“无声”又表明奉献时的情态：只在乎所出，不在乎所得。难怪杜甫喜春雨，难怪多少古今贤人把春雨这种精神融合到自己为人处世之中。

奉献是一种美，是一种生命的感动。如果一个人不懂得奉献，还有什么资格去追求美呢? 我们永远保持着那种和谐友善，亲密真挚的关系，保持着深层的感情交流，碰撞与沟通。彼此间相互提醒、暗示，相互期许、关怀和给予。每次的奉献都会洗净灵魂中某个小小的斑点和污渍，每一次无私的奉献都会斩断性情中某一段深深的劣根，日复一日，年复一年，奉献就会使内心变得清洁明亮，丰富又宽敞，在面对每一轮崭新的日出，都能赢得一个全新的自我。

青少年朋友们，其实最好的朋友和最坏的敌人都是你自己，这全由你自己的行为决定。只有完全的奉献和皈依，才能使自己的精神、情操和行为达到与梵合一的最终境界，使整个人生更加的完美。

相信，只要我们辛勤耕耘，乐于奉献，我们的明天将变得更加灿烂和辉煌，我们的生命也必将在奉献中得到升华，我们的人生也因奉献而闪光。

4 奉献让世界充满爱

爱在每个人的生活中应该是一个不可缺少的重要元素。它就像蜜一样的甜；像薄荷一样的润喉；像春雨一样的润心；像盛开的鲜花一样赏心悦目……在爱的海洋里人们很容易陶醉其中，忘乎所以。世间的爱有许多种，母爱是伟大的；父爱是豪迈的；朋友之爱是热情洋溢的；亲情之爱是温馨的；恋人之爱是醉人的……人的一生会或多或少品尝许多的爱，有时人对爱的理解不同渴求也就有所不同。其实，让世界充满爱是人类永恒不懈的追求。

§ 让世界充满爱

世界上的每一个生命都属于我们地球家园，善待每一个生命就是善待我们自己。让世界充满爱！让我们爱每一个人，每一个生命！其实在我们的生活中，爱，永远是我们亘古不变所谈论的话题，不是因为什么，而是，爱的确在平凡的生命里给了我们太多的感动。

20世纪60年代，某地山里饿死了不少人，为了肚子，人们在猎尽鹿、兔子之后，又把目光对准了猴子。

有一只母猴逃脱了人们的围剿。手中还抱着两个孩子，匆忙在光秃秃的山岭上逃窜。母猴慌不择路，最终爬到空地上一棵孤零零的小树上。猴子爬上去后再也无路可逃了，它绝望地望着眼前的猎人，搂紧了

两个孩子。

两个猎人同时举起了枪。正当他们要扣动扳机的时候，母猴向他们做了一个手势，两人一愣，就在他们的犹疑间，只见母猴将背上和怀中的小猴搂在胸前，喂它们吃奶。也许是惊吓，也许是不饿，两个小东西吃了几口便不吃了。母猴将它们搁在更高的树杈上，自己上上下下摘了很多树叶，将奶水一滴一滴地挤在树叶上，放在小猴子能够够得着的地方。做完这些事后，母猴缓缓地转过身来，面对着猎人，用前爪捂住了眼睛……

在自然界中，无论是对于哪种生物，母爱都是一个永恒的主题，母爱是最让人感动的爱，最令人难忘的爱，最让人无法释怀的爱！

世上有许多爱，圣洁如母爱，拳拳如父爱，坚贞如钟爱，伟大如博爱……天下之爱，可谓一个字——爱！

爱是一个极其温暖的字眼，而这个世界正是有了这种爱，才会谱写了那么多的善良，那么多的感动。如果人们都能关心你身边人，对朋友、同学多一些交流、多一些关心、多一些帮助，也许悲剧就不会再发生，世界也更加美好！

一篇感人的文章，一个善意的微笑，一段动人的描述，一片暖人的爱心，在这个如今家门一关，左右邻舍是谁全然不知，亲情淡薄，朋友互防，坦然与真诚锐减的世纪里，让我们总是不禁地想起一些关于爱的话题。

生命的目的在爱人。我们做人到底拥有多少成功和快乐，这要取决于我们到底付出了多少爱，又有多少人在爱我们。做人最博大的自由是爱，做人最富有的财产也是爱。爱的成就无限宽广，因为它能到达一切才智难以到达的心灵彼岸。

爱人者，人恒爱之；敬人者，人恒敬之。爱是一种活动的情感，不

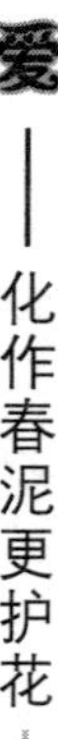

是静止的物体。爱是我们生活中一种很特殊的经验，要想拥有它，最佳办法是把它施舍给别人。诚如法国哲学家居友所说："我们每个人都有很多的同情、很多的爱心，比维持我们生存所需要的多得多，我们应该把它施舍给别人，这就是使生命开了花。"

当我们走过泥泞，走过坎坷，留下的不是痛苦和辛酸，而是从关爱中感受到的甜蜜与温暖。爱，似石上的清泉，荡涤着人的灵魂；爱，似一缕清风，吹拂着人的心灵；爱，似皎洁的月光，柔柔地，亲切地洒满人间。

回顾过去，南丁·格尔驭风而翔，为世间播撒爱的种子，护士节成了永久的纪念；鲁迅，弃医从文，唤醒了沉睡的中国，"俯首甘为孺子牛"的精神永不羽化；放眼今朝，人民教师殷雪梅的言行熠熠生辉，她用自己的生命把爱洒向人间；歌手丛飞一生所愿，就是把这永恒的爱心传播下去，让世界充满爱………

§爱是人性绽放的最美的花朵

爱是人性绽放的最美的花朵，是人用高贵的灵魂织成的秀美锦缎。我们的爱心，可以装饰别人的梦，也能教会别人如何去爱，若我们每个人都能尽自己最大能力为这世界奉献自己的一片爱心，那么这个世界将会减少许多忧伤和怨叹！因为有爱，让我们的世界变得温暖，爱，让我们的生活充满激情；爱，让我们的心中有了理解；让我们去创造一个美好的世界，向身边需要帮助的人伸出援手，让爱荡漾在我们的身边。

热爱生活吧，相信未来会更加美好，让我们共同期待这世界充满爱！让爱驻留在我们每一个人的心灵深处。

我们生活的环境不是完美无憾的，我们生存的世界需要更多的人用

更博大的爱去包容它。当我们在失落的边缘徘徊时，一句亲切的问候与最真诚的关怀是风雨之后的一道彩虹；当我们在与病魔抗争之时，一句贴心的鼓励便是寒风凛冽中最和煦的一缕春风；当我们失去家人与朋友的视而不见时，一声“朋友”是抚慰他们受伤心灵最有效的良剂……这个世界需要爱，也正是爱搭建起了人与人之间最贴近的桥梁，构造出了一个完美和谐的社会。爱，滋润着我们每一个人，它让我们感到温馨而快乐，让我们远离冰冷与痛苦，让我们在绝望中看到希望。正因为如此，我们肩负的责任更加重大，我们的权利让我们获得了爱，而更多的是我们有义务与责任把爱的种子播撒在世界的每一个角落，让世界处处有爱。

§ 爱心无价

每个人来到这个世界上，创造生命的价值各不相同。有的人在洪炉旁淬火煅钢，奉献青春；有的人在田野里默默耕作，收获良田；有的人在市场大潮中乘风破浪，一显身手；有的人有一个轰轰烈烈的生，却留下一个默默无闻的死；有的人有一个默默无闻的生，却有一个轰轰烈烈的死。有的人显赫一时，却只能成为匆匆的历史过客；有的人潦倒终生，却成为历史灿烂星空的泰斗。这一切都体现在你如何看待生命，如何实现生命的价值。

今天，历史车轮已经驶入21世纪，神州大地发生了沧桑巨变，但雷锋并没有被人忘记，雷锋精神也没有失去光彩。雷锋所代表的先进形象，雷锋精神所蕴含的丰富内容，仍然让我们敬仰。雷锋为什么能够成为楷模？雷锋精神的实质是什么？人们可以从不同角度概括和总结出许多经验和原因，但如果从世界观、人生观和价值观的意义上考察，关键

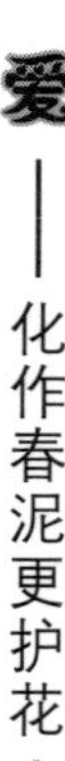

就在于雷锋真正懂得了生命的价值所在！就是说，雷锋他意识到生命的本质、意义与价值，从而达到生命的至高境界。雷锋说："我活着只有一个目的，就是做一个对人民有用的人。多帮人民做点好事，就是我最大的快乐和幸福。"从这里可以看出雷锋就是将自己与最广大人民群众的利益联系在一起，自觉地全心全意为人民服务，奉献自己生命的全部。

人的生命是宝贵的，人要做的，不是要在这有限的生命里学会如何享乐，而是要懂得在这有限的时间里，如何让自己活的有价值。在你年老时，回想起自己一生的历程，所度过的风风雨雨，虽然历经坎坷，但你过得很快乐，很充实，同时会觉得这一生没有白白被浪费，你会发出像孩子般灿烂的微笑。为爱而生，做自己的心灵捕手。善用感觉，热情行动，活出真正的自己。

生命面对时间和空间，正如古人所说："若自其变者而观之则天地曾不能以一瞬；若自其不变者而观之则物与我皆无尽。"人生是短暂的，也是永恒的。人世间的生活才是实实在在的，有天伦之趣、朋友之谊、恋人之情，有理想、有美好、有追求、有梦幻，只有在人世间才能创造真正的美好天堂。珍惜生命吧，给人生唱一首赞歌。

5 做新时代的活"雷锋"

1963年3月5日，毛主席发出了"向雷锋同志学习"的号召，也许对于今天的青少年来说，雷锋的故事可能显得有些遥远、陌生，但是，雷锋无私奉献的精神，已经深入了每一个中国人的内心深处，不可磨灭，

不可替代。平凡而伟大的雷锋，将永远感动中国。

§ 雷锋精神永不过时

我们知道，今日的世界由于经济的高速发展表现出更为开阔的空间，然而，我们曾经火热的心灵却开始变得冷漠，有些本不该变的东西也在变：亲情冷了，同居一楼，邻里相见不相识；友谊变了，与人方便还是与己方便，成了互相利用的通行证。曾经，我们几十年来所景仰、崇拜和学习的榜样已经被越来越多的人所淡忘。所以，有些人在担心，过了这么久之后，在许多新的“感动中国人物”涌现出来之后，雷锋，他如今还能感动中国吗?

来自山东的张桐桐，刚出生就患有严重的疾病，是网络上一双双看不见的手，托起了他即将沉没的生命之舟。

2006 年 9 月，网友“风”在媒体上看到小桐桐的不幸故事，总想为这孩子做点什么，就专程跑了 100 多公里，实地了解情况后，将拍摄的照片挂到了“天天社区”上。

帖子很快引起网友关注。鉴于网上信息可能失真，资深网友“自强不息”率先向总部位于海南的“凯迪网”提出“非分想法”，希望他们能为网络捐助搞一次实地调查。凯迪网很快响应，出动了几位编辑前往核实，并专门为小桐桐做了页面，帖子也被置顶。网友们还分别在各个博客发动募捐，十元、一百元……善款不断增加，达到 9 万余元。

2006 年 12 月起，天南海北的网友便开始在各地张罗，为小桐桐落实治疗事宜。最终，他们选择了广州。然后找医院、找专家、租房子安顿小桐桐父母。

这是一个感人至深的救助故事，为了一个有智障的孩子，即使把他救活了他也不会和智力正常的孩子一样生活，可是他的父母、全国各地的网友们还是没有放弃他。

现在在世界的更多地方，雷锋仍被不同肤色的人们所景仰，所学习，雷锋精神也以超越时空的力量成为人类宝贵的精神财富。“雷锋精神是人类应该有的，应把雷锋精神弘扬到全世界。要学习雷锋对待事业的态度，学习雷锋关心人、爱护人、支持人、理解人的品质。”美国著名企业家温戴克说：“是的，无论现代科技怎样发达，无论人们的生存方式怎样改变，雷锋对世界和他人真诚的爱心永远是人间渴求的那种温暖，像阳光一样成为人类永恒的需要。”

§ 学习雷锋精神，争做新时代的活“雷锋”

在雷锋的日记里有这样一段话：“如果你是一滴水，你是否滋润了一寸土地？如果你是一线阳光，你是否照亮了一分黑暗？如果你是一颗粮食，你是否哺育了有用的生命？如果你是一颗最小的螺丝钉，你是否永远坚守着你生活的岗位？如果要告诉我们什么理想，你是否在日夜宣扬那最美丽的理想？你既然活着，你又是否为未来的人类的生活付出你的劳动，使世界一天天变得美丽？我想问你，为未来带来了什么？在生活的仓库里，我们不应该只是个无穷无尽的支付者。”读过这一段发人深思的问话，你心中又有何感想呢？

是的，近几十年来，我们的生活发生了翻天覆地的变化，我们再也不要穿带补丁的衣服了，再也不要忍受饥饿了，再也不要像雷锋那样经历那么多苦难了……但是，无论我们的生活怎么变化，无论它多么丰富多彩，我们永远也不能缺乏雷锋身上那种对他人和世界的关怀与爱。我们要永远铭记雷锋，学习雷锋精神。

其实，说到底，“雷锋精神”就是从平常小事做起，说实话、做实事，踏踏实实，真心待人，并且持之以恒。另外，在学习上，青少年们应该像雷锋那样刻苦钻研、不怕苦、不怕累，一步一步地往前走，直至获得成功；在生活中，多多体贴他人，帮助他人。因为一个时时刻刻只看到自己利益的人是很难体会到生活中的快乐的。只有我们自己发扬助人为乐的精神，与人为善，我们才能得到别人的帮助和尊敬，才能在互动的真诚中感到真正的快乐；在工作上，青少年们应该像雷锋那样，把集体的利益放于首位，做一个有利于班集体，有利于团队的人。只有这样，集体才能得到发展，我们自己的能力才能得以更大的发挥。

雷锋精神是我们中华民族的精神瑰宝，雷锋精神也正在走向世界，而作为中国人，我们更应该具有雷锋精神。所以，青少年们，让我们行动起来，向雷锋同志学习，争做新时代的活雷锋，让雷锋精神永放光芒。

6 盖茨“裸捐”带来的启示

微软创办人比尔·盖茨在接受英国BBC访问的时候表示，他把自己580亿美元财产全数捐给名下慈善基金比尔及梅琳达盖茨基金会，一分一毫也不会留给自己的子女。比尔·盖茨表示这是他和妻子梅琳达的共同决定，他说：“我们希望以最能够产生正面影响的方法回馈社会。”

§比尔·盖茨：以最能能够产生正面影响的方法回馈社会

比尔·盖茨的“裸捐”给所有的中国人，特别是21世纪的未来接班人——青少年带来了重要的启示，主要有以下三点：

第一，该如何拥有正确的财富观？

比尔·盖茨曾说过：“捐献名下的财富，不仅是巨大的权利，也是巨大的义务。”他的富豪同胞钢铁巨头安德鲁·卡内基也说：“在巨富中死去是一种耻辱。”石油大王洛克菲勒则称，多挣钱为的是多奉献。相信人们如果能理解这种价值趋向，就会明白盖茨“裸捐”其实是再正常不过的逻辑了，几乎每一个倾心于慈善的富豪都有这样的认知。李嘉诚20多年来一直致力于打造李嘉诚基金会，甚至把其称为“第三个儿子”，而李嘉诚基金会的最大使命就是推动社会建立“奉献文化”本质的力量。

第二，该如何对待财富代际转移？

古语说：“黄金满赢，不如遗子一经。”然而，很多富豪却并没有这样的概念，更多的富豪将毕生建立的商业帝国悉数传给子孙。学者在对江浙富豪做调查的过程上发现：家产越多，越希望孩子接班。虽说我国民间的这种财富代际转移法谁也不宜置喙，但是，正如比尔·盖茨所说的，将财富全部留给子女，肯定不是“最能够产生正面影响的方法回馈社会”。

第三，该如何保证善款得到善用？

比尔·盖茨的“裸捐”，不仅是一种无私奉献精神的高度体现，而且也表明了他对他对基金会的高度信任。我们知道，为了保证善款能用得其所，比尔·盖茨夫妇不仅为基金会制定了“15条军规”，而

且还明确表示欢迎外部监督，甚至鼓励举报者直接向司法机关检举。这种近乎苛刻的规定，值得未来社会主义的接班人——青少年的学习。

§ 盖茨“裸捐”奉献的岂止是金钱

微软创办人比尔·盖茨52岁就引退，并将自己580亿美元财产全数捐给名下慈善基金比尔及梅琳达盖茨基金会，一分一毫也不会留给自己子女。

继比尔·盖茨之后的不久，世界第二大富豪巴菲特，为世界慈善事业捐出了自己85%的财富，约合370亿美元。几十年来，像卡内基、比尔·盖茨和巴菲特这样，一个接一个的富豪为美国社会形成了“取之社会、用之社会”的慈善传统。而反观我国的富豪，更多的则是以继承法的方式，把财富一代又一代地传了来去，很少考虑到捐赠，也不用说以慈善的方式回馈社会了。

在比尔·盖茨看来，捐献巨额的财富即是公民的权利，也是公民的义务。我们的祖先孟子很早就说：“达则兼济天下”。然而，遗憾的是，我国的富豪们普遍缺失这种将巨额财富回报社会的慈善文化和心理认同，他们大多把财富看作追求名利、个人价值的手段和目的，挣钱是为了出人头地，而不是去普济众生的。

作为21世纪新时代的青少年们，要知道人生的价值在于奉献，奉献是用爱心铸造的一道彩虹，五颜六色，清新亮丽，带给人类温馨与快乐。让我们这些21世纪的学生也投身到乐于奉献的洪流中吧，从现在做起，从自身做起，令奉献这棵常青树永远郁郁葱葱，永无枯萎的一天，让我们在奉献中体会幸福的真谛吧。

7 "奉献"让人生格外美好

苏霍姆林斯基说："对人来说，最大的欢乐，最大的幸福是把自己的精神力量奉献给他人。"索取的幸福是短暂的，奉献的幸福是长久的。太阳的价值在于给大地带来无尽的光明和温暖，大地的价值在于给人类提供生息的空间和宝藏，那么，人类生存的价值何在呢？人的价值在于奉献，对大自然的奉献，对人类自身的奉献，在奉献中体现自身的价值，体会幸福的真正含义。

§幸福不在于得到多少，而在于付出多少

奉献——一个多么伟大的字眼，一种多么高尚的行为。它使孤寂的心灵重新燃起希望之光，它使寒冷的冬夜变得春天般宜人。但有些人却把奉献当作绊脚石，以索取为荣，以索取为乐。虽然这些人暂时是可以得到一点蝇头小利，但却永远失去了人生真正的欢乐，也失去了自身的价值，他们已沦为吃喝的机器，玩乐的木偶，他们的生命早已在贪婪的索取中化为腐朽。因为，人生的意义在于奉献，幸福的真谛在于奉献，而非索取。

人生时时处处充满奉献，母亲不止在家庭奉献，将军不止在疆场奉献。革命先辈的满腔热血是悲壮的奉献，英雄人物的舍己为人是伟大的奉献，老师对我们的谆谆教诲是无私的奉献。虽然我们无法像农民一样挥汗如雨，耕耘收获；无法像工人一样开动机器，炼铁织布；不能像战

士一样戍边抢险，报效祖国。但是，我们可以努力学习，帮助同学，为集体做贡献，将来成为一名对社会有用的人。

张思德虽然没有像董存瑞、黄继光那样冲锋陷阵，但他努力做好自己的本职工作，同样也是为革命奉献着自己的青春和力量，他的一生是平凡而伟大的。然而，像张思德这样默默无闻、无私奉献的人还有很多很多……

2005年春季，中央电视台曾报道了一位平凡的邮递员王顺友的感人事迹。20年来，他一直在苍莽逶迤的大凉山深处，在危险孤寂的马班邮路上，跋涉人生，只为做好一件事：把邮件送到目的地。他说：“活儿再苦再累也得有人干，只要我能走，就不会扔掉手中的马缰绳。”

从这朴实的话语中我们看到了他人生的目标。王顺友是幸福的，他的幸福来自收件人的欣慰；王顺友是平凡的，他在平凡中塑造了自己伟大的人生。这正如马克思所说：“人只有为自己同时代的人完善，为他们的幸福而工作，他才能达到自身的完善。”这些事情并没有见义勇为、舍己救人的事迹那么感人至深，甚至不足挂齿，但是却让我们感受到他那默默无闻、无私奉献的精神，因为周围的人因他的奉献感到幸福，感到快乐。所以，他的人生是有价值的，有意义的，同时，也是幸福和快乐的。

幸福就像香水，当你帮别人喷洒时，自己也会沾到一点儿，这便是为他人奉献的真谛。如果我们也希望自己的人生像他们那样有价值，我们就需要自问：我能为他人做点什么？谁需要我的帮助？

大自然因为种子的奉献而五彩缤纷，我们的祖国因为教师的奉献而充满生机。

种子有一种伟大的力量，无论自身的体积多么小，总是顶着倾盆大雨，顽强地掀开土层，发芽、生长、开花、结果。正是由于他们有这样

的力量，才使自然界生生不息，五彩缤纷。从种子的埋头苦干中我们会联想到那些全心全意、无私奉献的人民教师，他们从不炫耀自己，而是全身心投入到教育事业中，为把我们培育成国家栋梁而默默奉献着。他们用无私的奉献精神实现了自己的人生价值。

§ 无私奉献，虽死犹荣

爱因斯坦曾经说过：“一个人的价值，应当看他贡献了什么，而不应当看他取得了什么。”是的，人生的价值是给予而不是得到，是奉献而不是索取，这就是我们提倡的无私奉献的精神。

有些人把奉献作为自己人生的座右铭，视奉献为荣，以奉献为乐，在奉献中体味人生的幸福，在奉献中体现自己的人生价值，他们的价值将会得到社会的认可，他们的生命将在奉献中得到永生，他们是精英，是豪杰，是真英雄。“不以善小而不为，不以恶小而为之”，把奉献作为自己人生的目标，甘于奉献，乐于奉献，必定会在奉献中实现自己的人生价值。

丛飞的事迹已不知润湿了多少双眼睛。丛飞992年从沈阳音乐学院毕业后到广州闯荡，两年后到深圳发展。1994年8月丛飞应邀参加重庆举行的一次失学儿童重返校园义演，从此开始了他长达11年的慈善资助。36岁的丛飞，唯一的职务是深圳市义工联艺术团团长，这是一份没有薪水的社会工作。作为一名职业歌手，丛飞以唱歌为生，但他又是一名五星级义工，10年来他为社会进行公益演出达300多场，义工服务时间达到3600多小时。作为一名著名歌手，丛飞的商演频繁，他本可以过上富裕的生活，但10年来他倾其所有，累计捐款捐物300多万元，资助贵州、湖南、四川等贫困山区178名贫困儿童，自己却一

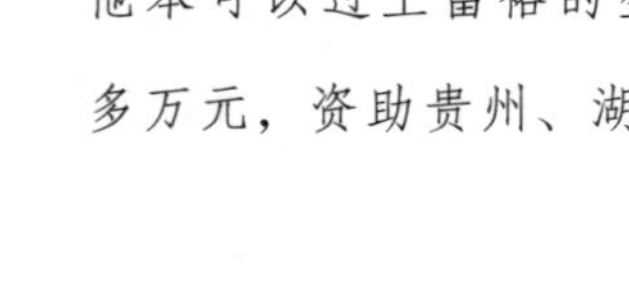

直过着非常清苦的生活。

丛飞先后被授予“中国百名优秀青年志愿者”“深圳市爱心市民”，“深圳市爱心大使”等荣誉称号。2005年4月丛飞被确诊为胃癌，进入深圳市人民医院接受治疗。5月27日丛飞在病床上加入中国共产党。2006年4月20日丛飞离开了我们，年仅37岁。丛飞生前立下遗嘱将眼角膜捐献，专家说，这将使三个人重获光明。

丛飞生前曾多次表示：“帮助别人是一种快乐，只要给我生命，我就要给别人带来快乐。”

我们一直在追求幸福，追求快乐，然而，幸福源于奉献，快乐也来自奉献。这种奉献的决定因素与财力无关，与能力无关，决定奉献的是每一个人生命的意愿与追求。如果谁说自己没有奉献的能力，那就回忆病床上的丛飞吧。如果谁说自己不能带给别人快乐，那就想想他那灿烂的笑容吧！

第七章

施与之心——至爱的最高表现

伸出你的手，伸出我的手，相互帮助，相互快乐，相互关怀，这是人生最大的幸福！

施与者将自己的爱心交与被施予者，与他们共享人间的幸福。

“我施与——我快乐”，常怀一颗阳光的心，把光和热散发出去，不仅自己快乐，别人更快乐。施予对你获得好运有很大的帮助。当你帮助别人而不图任何回报，得到好运的概率就提高很多。因为当你慷慨赠予，会感到幸福，使自己更乐观向上，更有可能接近好运。其次，你曾经帮助过的人，有一天也可能帮助你。慷慨能感染别人。

1 当你施与，你就拥有

施与对你获得好运有很大的帮助。当你帮助别人而不图任何回报，得到好运的概率就提高很多。因为当你慷慨赠予，会感到幸福，使自己更乐观向上，更有可能接近好运。其次，你曾经帮助过的人，有一天也可能帮助你。慷慨能感染别人。

§ 施与不是付出，而是拥有

李芳是一名优秀的医护人员。去年夏天女儿考上大学，去了遥远的南方，丈夫也与她签订了离婚协议，离她而去。她一个人孤寂寥落，人如浮萍，心若苦雨。每天工作之余她去唱歌、去跳舞、去美容、去休假、去旅游，但寂寞孤独始终如影随形，不肯离她远去。后来经朋友介绍，她自愿加入了老年人互助中心。工作之余常去照顾关心孤寡老人，为老人们洗衣做饭，解闷聊天，讲解保健知识，老人生病了就主动细致地进行护理，多年的医护工作经验有了更为广阔的用武之地。她热情周到细致的服务，不仅为孤，寡老人排除困难，解除病痛，还为自己赢得了自信、欢乐和赞誉。通过帮助他人，为自己打开了一扇全新的窗。

看着她阳光灿烂的脸，她的朋友忍不住问她为什么在自己最困难的时候还想到去帮助别人呢？她告诉朋友，她最痛苦的日子里，在一本书上看到了这样的话："如果你得不到爱和关心，如果你失去了盼望，那

么应该向别人施与爱和关心，尝试给别人盼望。虽然你那样贫穷，但当你施予的时候，你会发现你好像拥有了爱和关心，有了新的盼望。”她试着去做并且成功了。

原来施与不是付出，而是拥有！

一条偏僻漆黑的小巷，有一个盲人一手拿着一根竹竿小心翼翼地探路，一手提着一只灯笼。有人忍不住问他：“您自己看不见，为什么要提个灯笼赶路？”盲人缓缓说道：“提个灯笼并不是为自己照路，而是让别人容易看到我，不会误撞到我，这样就可保护自己的安全。而且，这么多年来，由于我的灯笼为别人带来光亮，也能为别人引路，人们也常常热情的搀扶我，帮助我，使我免受许多危险。你看，我这不是既帮助了别人，也帮助了自己吗？”

照亮别人，多么令人感动，当我们在需要帮助的时候，恰巧就有一个帮助你的人出现，我想任何一个人都会感觉到幸福！在这个世界上，个人的力量总是单薄的，任何一个人都离不开他人的帮助。

李大同的家境非常艰苦，上有老下有小，妻子常年卧病在床，两个孩子上学，就靠他一个人蹬三轮车来维持生计。但他从来不怨天尤人，而且更让人感动的是当他见了比他还困难的人总要帮一把。比如，对那些年事高、身体弱的老头儿、老太太他总是免收拉脚钱，院子里有谁病了，他的三轮车常常就是救护车，就算是三更半夜，他也要从床上爬起来，送病人去医院……他经常在嘴边的一句话是“对别人好就是对自己好，爱心能感染人”。事实证明，他的善心得到了回报。两个孩子争气，同时考上了大学，他却为孩子的学费愁白了头，家里实在拿不出那么多钱啊。这时，众人都伸出了援助之手。邻居，老师，同学家长，那些受过他帮助的人，纷纷解囊相助，不仅凑足了学费，而且还为孩子们送来了棉被、蚊帐、开水瓶等生活日用品，让两个孩子高高兴兴的迈进了大学的校门。送人玫瑰，手留余香呀！

在美国，一项最新的调查显示，最能给人带来满足感的工作是照顾和帮助他人有关的工作。80% 以上的牧师和消防队员都表示自己的工作相当快乐，因为能时刻向人伸出援手。人们在共同的社会生活中经常会表现出类似这样的行为，比如帮助、分享、合作、安慰、捐赠等，心理学家把这一类行为称为亲社会行为。

§ 施与是一种能力

从行为主义的观点来看，亲社会行为不仅能够使我们获得来自社会的、他人的和自我的奖励，而且能够避免来自社会的、他人的和自我的惩罚。这会促使你形成积极的社会价值观，有利于你的身心健康，还会使你获得或巩固友谊。此外，帮助别人还有提升心境的作用，当受助者的痛苦消除并开始快乐起来的时候，助人者同样会受到这种情绪的感染，使自己也变得更加愉快。施与是一种能力！

一头驮着沉重货物的驴，气喘吁吁地请求只驮了一点货物的马：“帮我驮一点东西吧。对你来说，这不算什么，可对我来说，却可以减轻不少负担。”马不高兴地回答：“你凭什么让我帮你驮东西，我乐得轻松呢。”不久，驴累死了。主人将驴背上的所有货物全部加在马背上，马懊悔不已。

膨胀的自我使我们忽略了一个基本事实，那就是：我们共同在生活这条大船上，别人的好坏与我们密切相关。别人的不幸不能给我们带来快乐，相反，在帮助别人的时候，其实也是在帮助我们自己。

当然，大多数人都有一副乐于助人的热心肠。比如，有的同学生活困难，同学们会毫不犹豫慷慨相助；公共汽车上，青少年会主动给老弱

病残让座；过马路时，总不忘记帮助年迈的人一把；遇到迷路的陌生人，他们总会给人家热心的指点……在他们眼中，帮助别人是一件非常快乐的事。看到别人因自己的帮助而摆脱困境，看到别人因自己的帮助而就此振作，看到别人因自己的帮助而高兴、快乐，有谁不感到幸福呢？这些爱帮助别人的人也时时处处被别人喜欢着，走到哪里，哪里就有朋友。在他们遇到困难时，也总会得到他人的热情帮助。

请记住，当你给朋友一份快乐时，你就拥有了两份快乐！伸出你的手，伸出我的手，让我们相互帮助，相互快乐，相互关怀，让我们人人都献出一份爱，让这个世界变得更加美好！

2 施与爱心，体现生命价值

爱自己，也爱别人，才能体现出生命的最大价值，而这也是追求成功者所需要的心态。我们每个人都拥有富有生命力的思想，拥有施与的心态。施与的心不仅可以巩固和完善我们的优良品格，而且拥有施与之心的人往往能抓住通行于世界的根本原则，能够认识到世间事物的优良真实性，并过上一种真实的生活。

作为21世纪的青少年，应该学会敞开心扉爱他人，让施与心就像玫瑰花儿散发芬芳。当懂得关爱的思想能治愈疾病，能为创伤止痛的时候，那些与此相反的心态总会带来痛苦、郁闷和孤独的时候，我们就真正领悟到了博爱的真谛。

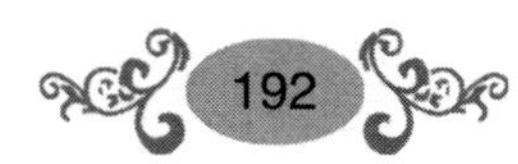

§ 敞开心扉爱他人

也许，我们的内心很难估量施与的心态对我们生命的价值大小。然而，在日常生活中，无论发生什么，我们都应该去直面生命，用健康、快乐、乐观的思想去直面生命，都应该满怀希望，坚信生命中充满了阳光雨露。一个人只有真心地去爱他人，帮助他人，关心他人，自己才能真正地感到幸福和快乐。

2005年初，李军无意中在某杂志的爱心栏目中看到300元钱就可帮助一名失学女童完成小学学业，就有可能改变一个孩子的命运时，李军很震惊，当时就决定要资助一个孩子。李军拨通了他们所提供的县妇联的电话，得到肯定的答复后，第二天就带钱去了县妇联，当李军在资料中看到有姐妹俩无父无母，由年过古稀的爷爷抚养时，就一次资助了俩姐妹，怎忍心让小姐妹分开呢？

随着时间的流逝，工作的繁忙，家事的繁重李军已将此事慢慢淡忘。一天，李军正上班，门卫通知说有一个老人找他，当李军看见一个提着满满一篮子苹果的老人时，李军又纳闷儿了，“我不认识这个老爷爷呀！”当老人提到两个小女孩的名字，李军才知道他是女孩的爷爷。他告诉李军他早上摘下苹果赶了十几里山路到县城，从县妇联打听到李军的地址就一路赶过来了，看着老人汗流满面的脸，看着鲜红的苹果，李军感动万分，泪水湿润了眼眶。“我做了什么呀？付出了什么呀？让古稀之人为我如此劳筋动骨。”李军从心里一个劲地说着谢谢，口已不能言。李军知道这是自己此生中最香最甜的苹果。

2005年底，县妇联在表彰先进时特意为李军设立了“捐资助学先进个人奖”，在领奖台上，泪水再次打湿李军的眼眶。李军再次问自己，

"我做了什么呢？付出了什么呢？我只不过放弃了一两件新衣，一两顿饭局而已，不应该受到如此礼遇，不应该得到如此之多呀！"

原来这世界不仅不贪婪，而且很慷慨。只要我们在不经意间撒下一点点爱，它就会像上面例子中的一样，心中充满爱，充满感动。传播成功、快乐、鼓舞人心思想的人，无论到哪里都敞开心扉真诚的爱他人。这些人是世界的救助者，是负担的减轻者，去宽慰失意的人，安抚受伤的人，激励沮丧泄气的人。

对于每一个人来说，要使自己变得更可爱的秘诀也就是对他人施与爱心，一个有给予心的人死了之后，别人对于他所做的那些小事，比他曾经做过的那些大事，记得更清楚，在人们脑海中留下的印象更深。

§不要吝啬你的爱心——助人为乐

正如歌德所说："你若要喜爱你的价值，你就得给人创造价值。"助人为乐是一个人思想境界的行为体现，是一种精神的升华。助人为乐，是正直善良的人怀着道德义务感，主动去给他人以无私的帮助，并从中感到幸福愉快的一种道德行为和道德情感。助人为乐要有一种忘我的奉献精神，并要把它贯穿在自己的生活中，作为为人处世的一种准则。当见人遇风险时，要先人后己。正如列夫托尔斯泰所说："一个人给予别人的东西越少，而自己要求的越多，他就越坏。"

一辆车用钢缆拖着一辆故障车停在一个交叉路口处的斑马线上等待红灯。一位六十多岁的老人许女士沿着斑马线准备从两车之间走过去，因当时天黑，急着赶路的许女士没有发现两车之间的钢缆，便被钢缆绊了下重重摔在地上，导致两腿膝盖磕破红肿，左肩臂跌伤。摔倒在地的许女士因疼痛不能爬起来，躺在地上哭泣。路上行人纷纷告诉司机钢缆

把老人绊倒了，但两司机丝毫没有下车的意思仍坐在车上当看客。此时，两名从此路过的16中学男生看到此幕，一个快速跑到电话亭去打电话，另一个双手将老人托起，从楼梯上抱到马路旁，这时又有3名学生赶来帮忙。不一会儿120救护车赶来，这几名学生七手八脚地将老人抬上救护车。

如今，很多的青少年缺乏这各种助人为乐的美德。在现实生活中，许多父母总是处处宠着孩子，这造成孩子强烈的自我为中心，常常不会为他人着想，也不会考虑他人的感受，更不会伸出友爱之手去帮助别人。再加上社会上骗子越来越多，有时你好心去帮助他，他反而讹诈你，这使得青少年们即使看到别人需要帮助，也不敢再伸出援助之手。

但是，要知道社会上还是好人多，所以，青少年一定要改变自己的思想，认真地去帮助他人。比如，在公共汽车上，要主动将座位让给老人、孕妇或比自己更小的孩子。当同学或朋友有病时，要主动看望他，进而就会使青少年学会关心他、爱护他人的好习惯。

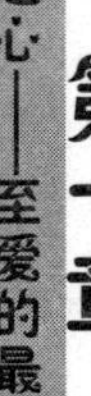

3 施与并非可怜，而是分享

人生活在这个世界上，无时无刻不是与他人共同分享一些东西。分享太阳温暖的光芒，分享星星闪烁的光辉，分享鲜花芬芳的味道，分享四季的变化和秋天的果实，分享音乐的悠扬和山河壮美，分享理想的浪漫和现实的丰富……要分享及能分享的实在是太多了。分享如是快乐的大门，学会分享，你就能进入快乐城堡；而独享却是痛苦的大门，独享只会让你进入痛苦的泥潭。

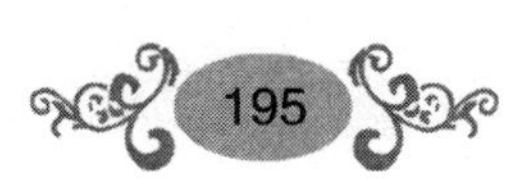

与人分享，不仅能点缀你的人生，还让你向世界打开一道道门一扇扇窗。当你主动把自己的东西与人分享时，就会让生活中的痛苦全部溜走，让阳光洒满每个人的心灵。

§独乐不如众乐

在一个村庄里，一个果农经过长时间的研究培植了一种皮薄、肉厚、汁甜而少虫害的新果子，为此吸引了不少果贩子前来购买，这为他增加了不少的收入。村里的人们看到他的新品种卖得很好，就想借他的种子也来种，可被果农拒绝了。果农想：所谓物以稀为贵，如果大家都种这种果子，那定会影响自己的生意，那肯定不合算。到了第二年，果农发现自己果子的质量大不如往年，很多人都不再买他的果子，果农查找了所有的种植环节，但都找不到原因，只好去咨询专家。专家到他的果园调查后对果农说："你种植的环节都没有问题，但如果你想让果子回到原来的效果，就必须在附近地区都种这种产品。"果农迷惑不解地看着专家，专家又说："由于附近种的是果子的旧品种，而只有你的是改良品种，在开花授粉时，新品种和旧品种一杂交，你的果子自然就变质了。"果农听了恍然大悟，于是把自己的新品种分发给乡邻，大家都有个好收成，不仅自己获得了财富，也帮助别人获得了财富，个个都喜笑颜开。

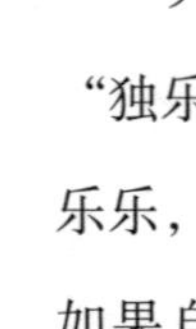

人们常说："施恩于人共分享。"早在几千年前，孟子问梁惠王"独乐乐，与人乐乐，孰乐？"梁惠王答："不若与人。"孟子又问："与少乐乐，与众乐乐，孰乐？"梁惠王答："不若与众。"很多人在小的时候，如果自己有一个好的玩具或是一本好看的小人书，都会迫不及待地拿出来，与周围的小朋友们共同分享，但长大后的人们却忘了"独乐不如众

乐”的大道理。

酒的美味再好，一个人独享终将是乏味，只有与人分享，才能让其美味留香于口。与人分享，是一种境界，更是一种智慧。与人分享自己的成功经验，会让更多的人成功；分享一项科学的发明，会蓬勃一个行业；分享一种新锐的思想，会解放一代人的智慧；分享爱，分享劳动，分享喜悦乃至分享痛苦，在与人方便时，你的物质财富、你的经验、你的思想，在分享中都得以深化、升华。

所谓“独乐乐不如众乐乐”。人应该学会分享，学会简单的快乐，把自己的东西主动拿出来，让别人分享，分享能将温暖和快乐传递他人。疾风骤雨中，与陌生人同享伞下的一片晴空，他的笑脸如雨后的彩虹；自家院中的一泓井水，让左邻右舍在停水时也能遍尝甘甜，你家的院子盈满欢声笑语。与人分享快乐，你的快乐会加倍；与人分享幸福，幸福就会加倍；与人分享成功，你就会加倍成功。分享如同三月的阳光，冬月的炭火，温暖人的心房，拉近了人与人之间的距离，何乐而不为呢？

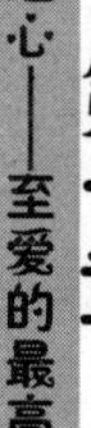

只有懂得分享给予的人，才是天底下最快乐的人。

§ 懂得与人分享，才是人生真谛

当你拥有六个苹果的时候，你会自己独自吃呢？还是愿意把其中的五个让他人分享呢？如果你独自享用，你也就只能吃这六个苹果而已，如果你与他人分享，看似你现在吃亏，但实际上你却能得到他的友情，当他们有东西时，也自会与你分享，你就可能得到另外五种不同的水果，五种不同的味道，这样还吃亏吗？懂得与人分享是一种大智慧。古人早已懂得财聚人散、财散人聚的道理，与人分享并不意味着自己失去什么，相反会收获友情、知识，也收获了快乐。正如培根说的：“一分

忧愁与人分享之后你将得到1/2忧愁，一份快乐与人分享你将得到双倍的快乐。”与人分享的过程其实就是一个放大自己快乐的过程。

有一位年轻的编辑，很有才华，他写的杂志很是受读者的喜欢，与同事间的关系也很融洽，刚进杂志社的第一年就得了大奖。但他慢慢地发现，社里的同事，不管是上司还是前辈，都总是有意无意地针对他，他为此很是苦恼。他找到一位前辈，想从他那里得到答案。原来，这位年轻人获奖的作品，虽然他的贡献最大，但也有很多同事的参与和帮助，在他获奖后，除了上级机关颁发的奖金之外，上司也给了他一个红包，还在公司里当众表扬了他。但他却没有客套的感谢上司和同事的帮助，而是将所有的功劳归于自己，独享荣誉。人们可能都不会在乎去分你多少的奖金，他们在乎的是你不该贪天下之功为己有，不懂得与人分享。

聪明的人懂得施与并非可怜，而是分享，从而拉近自己与他人间的关系，赢得尊重，为以后更广阔的路打下基础，而愚蠢的人，往往在独享功劳、独享荣誉、独享快乐的时候，已给自己带来了想不到的麻烦。

人们常说：“把一个人的幸福给多人分享，就变成了多个幸福。”著名科学家诺贝尔在读小学的时候，成绩总是班上的第二名，而第一名总是被一个叫柏济的同学占着。一次，柏济由于生了一场大病无法上学而请了长假。诺贝尔的朋友高兴地对他说：“柏济生病了，以后的第一名就非你莫属了！”但诺贝尔并没有因此而沾沾自喜，还将自己做的笔记寄给因病没来上学的柏济。到了期末考试，柏济的成绩还是第一名，诺贝尔则依旧名列第二名。

诺贝尔长大之后，成为一个卓越的化学家，因发明了火药而成为巨富。他死后把所有的财产全部捐出，并设立了知名的“诺贝尔奖”。也正是由于他懂得把自己的成功与世人分享，不仅使他创造了伟大的事业，也使后人对他永远怀念与追思。

懂得分享的人必有豁达的心胸、坦诚的态度和高深的智慧和策略，只有那些虚伪奸诈的人不会分享，因为对利益的索取使他鼠目寸光；谨小慎微的人不懂得分享，对世界的疑虑和恐惧淹没了他的好奇；狂妄自负的人不屑于分享，愚蠢的优越感蒙蔽了他的双眼……当我们乐意和他人分享我们所拥有的知识和快乐时，不但不会有损失，反而会收获更大的喜悦和满足。学会与别人分享成长、成功与财富，自己也一定会成为最快乐、最幸福、最成功和最富有的人。只有真正懂得与人分享的人，才是人生的真谛。

人生可说是千姿百态、五彩缤纷。每个人都走着不同的人生路，有的曲曲折折，充满是是非非，也有的一路畅通无阻，充满鲜花掌声。但无论是怎样的人生，生活在这个世上，没有人能不去分享，分享自己的，分享他人的。也正是有了分享，后人才能绕过路上的坑坑洼洼，跳过路上的各种陷阱，踩在先驱者的肩膀上，更快的登上成功的巅峰。一个苹果与一个苹果的交换还是一个苹果，但你可能会获得一份友谊，一种思想与一种思想的交换就是两种思想，为你的成功加得法码。

4 赠人玫瑰，手有余香

社会上的每一个人，都不可能孤立地存在，每个人都要和周围的人有着千丝万缕的联系，那么，这个人所做的事必然会对其他的人有或多或少的影响，其结果又反过来影响自己。

有人把社会比作一张大网，把人比作这网上的一只小蜘蛛，不管这

张网你是否喜欢，你都必须接受它，因为它是我们生存的基础。所以，一个人若想在世界上活得开，就必须广结人缘，给人以方便，做事情的时候不能光考虑自己而忽略了别人，你爱别人，别人才有可能爱你。“赠人玫瑰，手有余香”蕴含的就是这个道理。

每个人都需要在被赞美、被关怀和被爱中建立他们的自信心、成就感和满足感，当你对他人送去一份关怀、一份尊重，一份赞美时，必定能收到别人对我们更大的回报，同时我们也收获了心情的平静与愉悦。

§助人即是助己

当我们拿起鲜花赠送给别人时，最先闻到芬芳的是我们自己，当我们抓起泥巴企图抛向别人时，弄脏的必先是自己的手。所以说，善待别人就是善待自己，就好比为他人身上洒香水，自己也能沾上些许香气。一句温暖的话，一个友好的举动，都能深深地温暖别人的心灵。在关键的时候，你伸出了助人之手，那么，当你自己身处险境时，肯定也不会是孤军奋战。

19世纪90年代初，有一天，一个名叫弗莱明的贫穷的苏格兰农夫正在田地里耕作。忽然，他听到了附近的沼泽地里传来一阵呼救声，他连忙丢下手中的活儿跑过去。到了那儿，看见一个小男孩陷在了黑色的泥潭里，由于太过于惊恐，男孩不断地尖叫和挣扎，结果身体越陷越深。在这个关键时刻，弗莱明伸出了援助之手，沉着勇敢地将这个男孩从死亡的边缘拉了回来。

第二天，一个衣着华贵、气度不凡的贵族人士来到了弗莱明的家里，原来他就是那个小男孩的父亲，他带着重金来酬谢弗莱明对他儿子的救命之恩，但被弗莱明委婉地拒绝了。此时，农夫的儿子从简陋的农舍跑了出来。于是，在贵族的一再坚持下，弗莱明终于同意由贵族资助他的儿子上学，贵族希望农夫的儿子能成为像他的父亲一样勇敢和善良，让所有的人都为之骄傲的人。

农夫的儿子没有让人失望，他进了最好的学校读书，最后毕业于伦敦圣玛丽医学院，后来因为发明青霉素而享誉世界，他就是大名鼎鼎的亚历山大·弗莱明爵士。许多年以后，贵族的儿子在“二战”期间患上了肺炎，而再一次拯救他的生命的就是青霉素，很多人都会认为这是一个巧合，是上帝的安排，难道这只是一个简单的巧合吗？这个贵族是伦道夫·丘吉尔勋爵，而他的儿子则是人尽皆知的英国前首相——温斯顿·丘吉尔。

“赠人玫瑰，手有余香”，这句话用在这个故事是恐怕是再合适不过的了，农夫的见义勇为让自己的儿子上了最好的学校，贵族的鼎力相助又让自己的儿子再一次躲过死神的光临，看来助人不仅是给别人机会，也是给自己机会。所谓“滴水之恩，当涌泉相报”，“受人一抔土，还人一座山”，虽然善心只在人的一念之间，但善心所结下的善果，却会永久地芬芳馥郁，香泽万里。

§ 付出才有收获

人生在世，既是短暂的，又是漫长的。要想过得快乐，过得幸福，就必须要有“赠人玫瑰”的爱心，心存善意。爱是一种强大的力量，无论行为多么渺小，当你毫不吝啬地赠与别人后，就一定能吐露芬芳，绽放美丽，自己也会越发地强大起来，因为我们所收到的回报远远大于我们的付出。

在充满战火和硝烟的战争年代里，有一支部队奉上级的命令去攻占

敌人的堡垒。枪林弹雨中，一位连长在地上匍匐前进时，惊见一颗手榴弹正好落在一个小战士的身边，而小战士却毫无察觉。在这千钧一发之刻，连长顾不上多想，他不顾一切地冲了过去，一下子伏在小战士的身上，用自己的身体掩护这个年轻的生命。“轰隆”一声巨响过后，他抬起了头，而这一抬头却让他惊出了一身冷汗。因为就在他起身后的那一瞬间，一颗炮弹落在了他刚刚匍匐过的位置上，把那里炸出一个巨大的坑，刚才的那一声巨响，就是那个炮弹响的。而小士兵身边的手榴弹，敌人在扔出来的时候根本没有拧开盖子。

试想，如果连长顾及自己的生命而不去救小战士，那么他的生命早就已经不复存在了。赠人玫瑰，手留余香，这一次，留下的可是最宝贵最有价值的生命啊！在生活中，我们很容易就会有帮助别人的机会，那么，就不要错过更不能吝啬，用你无私的心灵去帮助别人，用你热忱的双手去帮助别人。当你的帮助能换回他们的幸福笑脸时，你会发现你手里的玫瑰是那么清香，更是那么的高贵。“赠”不会让我们损失什么，却会为我们赢得灵魂的安泰和心灵的净化。这样，既为受难的人们抚平伤痕，更为自己的人生画卷涂上了一笔浓墨重彩，真正描绘了一幅动人的篇章！

孟子说过：“君子莫大于乎，与人为善。”在追求成功的过程中，谁都离不开别人的合作，尤其是在现代社会，就更应该想方设法获得周围人的支持与帮助。那些总是主动帮助别人的人就是最容易获得成功的人，因为他们最容易获得别人的回报。相反，如果你对别人的烦恼和不幸冷眼旁观，甚至落井下石，是不可能得到别人的帮助的。

赠人玫瑰，手留余香，只有充满了爱的世界才会洋溢着阳光。如果我们每个人都能够随时随地奉献我们的爱心，如果我们都能把自己的快乐毫无保留地传递给其他人，如果我们都能用一颗真挚善良的心为全世界的人类祝福和祈祷。那么，不仅这个世界因为我们的存在而变得更加

美好了，我们自己也能拥有一份意想不到的收获和回报，我们的生活也会因此而变得更加精彩、绚丽和灿烂。

5 将欲取之，必先与之

给予和索取，人生不变的经典论证话题，永远达不到平衡的两个端点，人是贪心自私的，注定这个论题永远没结果。对于每个人来说，索取永远要比给予少的多，每个人都认为自己无辜的给予了太多，索取了太少，心理的天平永远达不到平衡点，争吵的根源永远是这个永恒的话题，也许每个人的索取对于自己来说都是正当的权利，也许对方的，给予永远不及自己给予的多，于是这个话题还在继续。

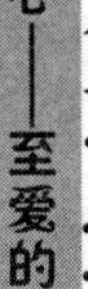

§ 布施是实现的空间

当一个人不断地向别人索取时，他的贪欲就会越来越大，他就永远也无法得到满足。禅者说："布施是实现的空间。"人若拥有很多东西而不愿去布施去给予，便体验不出自我实现的喜悦。一个人之所以感到自己生活得有意义有价值，是因为他能有所贡献。人若不懂得给予，便体会不到自己的富有，就会穷得捉襟见肘。

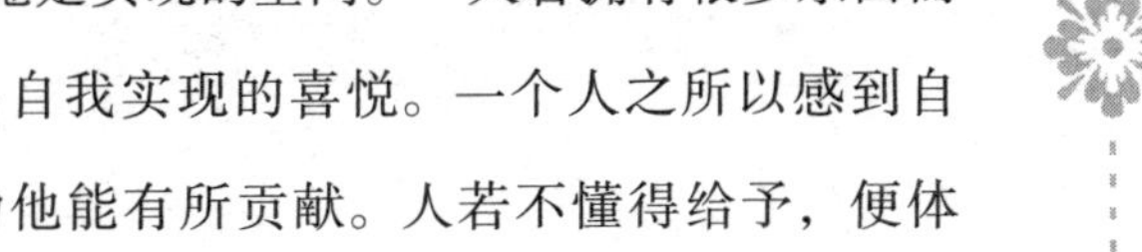

有一个十分吝啬的人，人们都叫他吝啬鬼。吝啬鬼家里粮满仓、柴成垛，可他还总是装穷叫苦，占别人的便宜。一天，吝啬鬼家来了一个他多年前的一个老朋友，他就把家里所有的好东西，好吃的、好喝的都

藏了起来，还装着一幅很为难的样子，他到邻居家里借了点米和菜，用稀饭“招待”了他的老朋友。晚上等客人走了以后，他才把自己家里的香喷喷的饭菜端了上来，自己美美地吃了一顿。

吝啬鬼要去祭神，他想让神保佑他更加富裕。祭神是需要献上供品的，他摸了摸雪白的米饭、馒头，闻了闻香喷喷的腊肉熏鱼，碰了碰盖得严严实实的成坛的老酒，终于没舍得拿出来，而是跑到邻居家里借了一碗小米，从当天吃剩的菜中拣了3条小鱼，又将未喝完的半瓶酒带上，就很慷慨地出门了。

到了神住的庙中，他摆上那些不像样子的供品，认真地祈祷说：“神仙爷爷，我拿了酒、鱼、米饭来供奉您老人家，请您保佑我有更多的财富吧。让我那干旱的高坡地也都长出茂盛的庄稼；让我那水涝的湖洼地也都收获上万石的粮食吧！请将我的这些财富和您的保佑传给我的子孙后代，让他们也年年丰收，永远获得多多的财富吧。”但结果呢？他的庄稼一无所获，财富也被他的儿子一天一天的败坏完了，他成了一个真正的穷光蛋。

生活中，这种吝啬鬼太多了，他们要求实在是太多了，他不但希望神保佑他自己获得许多，还希望保佑他的后代子孙也要得到许多。可是他供奉给神的又有多少呢？索取之前，我们应该想想“给予”。

§ 给予是为了更好地得到

给予和索取就像人的呼吸一样，当你吸人空气，而没有放出废气，你的肺就充满二氧化碳，如果你继续摄入，而从来不将整个胸部的东西都排放出去，就会将二氧化碳逼进体内，然后你的呼吸就变得很浅，这样的结果是可想而知的，它会损坏我们的健康，更有甚者，它会让我们走上不归路。我们正确的做法是，首先将它丢出，忘掉摄入，身体将会照顾它自己，身体有它自己的智慧，它比你更聪明，将气呼出，忘掉摄入，不要害怕，你不会死，身体将会摄入，而它将会摄足它所需要的，你呼出多少，它就会摄入多少，平衡将会存在，如果你只是摄入，那么你将会扰乱平衡，因为有那个聚藏的头脑存在，才会有一个健康的身体。这也就是我们常说的："将欲取之，必先与之。"

不正常的人只有取，而从来不给；正常的人给和取是平衡的；而超正常的人是只有给，而从来不取。

一棵苹果树，经过漫长的分枝抽叶，终于在一年的春天它开花了，结果了。第一年，它结了10个苹果，被人拿走了9个，它自己只得到一个。苹果树愤愤不平，干脆自断经脉，拒绝成长。第二年，它只结了5个苹果，4个被拿走了，自己依然得到一个。

"哈哈，去年我得到了10%，今年我得到了20%，翻了一番。"这棵苹果树心理平衡了。

而另一棵树恰恰相反。它在第二年更加努力的吸收阳光雨露，动力生长，结出100个果子，被拿走99个，自己只得到一个，却乐在其中；第三年，依然蓬勃生长，保持勃勃生机；第五年它结出500个果子，成为苹果林中辉煌一景。其实，得到多少果子并不是最重要的，重要的是，自己永远在成长！不是吗？最后，第一棵苹果树死掉了，而第二棵苹果树却还在快乐的生长着，奉献着，被人们赞赏着。

富兰克林曾说："如果你想交一个朋友，就请帮他一个忙。"换句话说就是：如果你想得到一样东西，你就要付出为得到这样东西的东西。

在春秋时期，晋国当权贵族智伯倚仗权势向魏桓子强行索要土地。魏桓子的谋士献计，同意给土地，这样智伯就会更加贪婪，再向其他贵族要地，其他贵族就会联合对付他。后来智伯被贵族联合打败，魏桓子

得到更多的土地。

在这个世界上，有多少人在追求利益时犯了鼠目寸光的错误。他们看见的只是金钱，而从来没有看到财富；只看见自己的利益，看不到人与人之间的互惠互利；他们只看 见眼前的蝇头小利，看不见远方取之不尽的"宝藏"。我们都曾被表面上的利益蒙蔽双眼，在获得真正财富的路上迷失方向，蓦然回首时才懂得学会给予，其实给予是最好的得到一的方法。

西方人信奉"施比受更有福"，而中国自古推崇"只管耕耘不问收获"的老黄牛精神。《道德经》言："将与取之必先予之。"西方人相信："凡你所施与别人的，最终都会回到自己身上。"我们想有所"取"，必先得有所"予"，有时给予也会带来收获，而一味保留可能反而会落得一无所有的下场。当我们学着付出所追求的东西时，我们同时也在促成编排一出优雅生动，活力十足的舞蹈，它构成了永恒的生命的律动。所以，请别再吝啬手中的种子，因为如果你将它们播撒，就能让世界上每个角落都绽放出幸福的鲜花。

6 生活中，学会施与微笑

微笑也能施与？仔细想想，很对，微笑也是施与，而且是很普遍、很重要的施与。

消除对方恐惧畏难心理，给予勇气和安慰，微笑应属无畏布施的一种。就拿看病来说，病人的心理不仅希望医生对症下药，而且希望医生和颜悦色地接待，让紧张害怕的情绪得以缓解。如果医生再给予一点微笑，说一些鼓励、

安慰的话，那效果就大不相同了，反之负面效应也是不可低估的。

§ 情绪是可以感染的

快乐的情绪可以感染，和快乐的人接触，自己就会感到快乐，和负面情绪的人接触，就会受到负面的影响。看到这句话的第一个想法就是：自己一定要快乐起来，不然我的家人，平时接触的朋友都会受到不良的影响。快乐一点，既是对自己负责，也是对她们负责。

一位理发员买东西遭到售货员的冷面，一天的情绪都不好，并且尽出差错，最后给一位顾客修面时还划破了几个口子，争吵之下一看，那个倒霉的顾客正是那位冷面的售货员。我们每个人都有这样的经历：一句争吵，会让自己几天不愉快，甚至迁怒家人和同事；一个微笑，往往会使自己觉得阳光灿烂、鸟语花香，连周围的人也会感到这种喜悦气氛，工作效率也会因此而提高。这就是微笑的魅力，我们可不能看轻它。

有人会说，微笑谁不会？其实，很多人的所谓“微笑”，只是脸部肌肉的运动，并非发自内心，自然没有感人至深的魅力，逐渐领悟到宇宙人生的真相时，我们内心油然而生的喜悦才会以微笑的方式显露出来，甚至连自己都没有察觉。人们都有这样的体验，每当我们有幸亲近某位智者时，首先感觉到的是慈祥可亲、平易近人，他们那永恒的、超然的微笑会让我们很久甚至一辈子也不会忘记，这恰如点燃了我们心灵的一盏明灯。

一个人也许不能拥有世俗的名利，但只要拥有这份快乐，并且如果有那么一天，我们那充满喜悦的微笑也能够点燃别人心灵的明灯时，我们一定会感到非常幸福。

微笑，能松弛与人的关系，达到心灵相通，情感交融。因此，与人交往，把微笑时刻带上。

微笑是冬天温暖的阳光，可以化解人们心头的冰雪；微笑是夏季清清的河水，可以洗去人们心头的尘埃。蒙娜丽莎的微笑受到全世界人们的喜爱，因为那恬静的微笑让人浮躁的心变得安静。微笑能够生财。微笑是一剂良药，它能化解仇恨，它能拉近人与人之间的距离，让这个世界变得更友善。

“人无笑脸休开店”，是我国古代经商的经验之谈；微笑服务，是当代中外工商企业经营的诀窍。

微笑可以消除矛盾，缓和冲突。有道是：“恶人不打笑汉，微笑着劝架，幽默地调解，能使怒火中烧的人冷静下来。”面带微笑地批评别人，容易得到他人的接受；微笑地拒绝别人，容易受到别人的谅解。

微笑可以帮你与人交往。微笑可以松弛我们与对方的人际关系，达到心灵沟通，情感交融。多有一个朋友就会多一条路，微笑交友，可以拓展成功的道路。微笑无论到什么时候都会受到人们欢迎。

只有源自真诚，才能发挥微笑这一处世利器的作用，才能微笑里砥砺自身真正的“刀”——披荆斩棘，征服艰难险阻的意志和毅力，而不是损人利己的心计和恶意。

§发挥微笑的魅力

微笑是一种无声的语言，微笑能显示出魅力和涵养。凡是经常面带微笑的人，往往能将别人吸引住，使人感到愉快。人的行为比言语更能切实地表露出一个人的真心，微笑这种行为胜过任何雄辩的语言。

微笑充满关怀，就好像一句温馨的话语，使人感激；微笑充满善意，就好像一杯甘醇的美酒，使人酣畅。微笑能够直接将好感，善意及

诚实表现出来，可以打开别人封闭的心扉，让彼此间充满快乐的友情。每当我们和别人第一次见面的时候，通常会有一种不安的感觉。真挚友善的微笑，可以消除这种初次见面的心理状态，撤除陌生人之间心理的障碍，缩短人与人之间的距离。微笑不需要成本，它就能创造出来很多价值。它可以在家中创造出快乐；在商界建立好感；可以给沮丧者以鼓励，给悲伤者以安慰。一个善于通过目光和笑容表达美好感性的人，可以使自己更富于魅力，也会给他人以更多的美感。这便是微笑的魅力。诚挚的微笑是扣人心弦的最美好的语言，它以诚挚为基础，发自内心，笑得亲切。

一位坐飞机的乘客在飞机起飞之前，请求空姐为他倒一杯水服药，空姐告诉他说："先生，为了您的安全，等飞机进入平稳飞行后，我会立刻把水给您送过来。"可是，等到飞机起飞后，空姐却把这件事给忘了，待乘客的服务铃急促响起来时，她才响起送水的事情。于是，空姐小心翼翼地微笑着对那位乘客说：对不起，先生，由于我的疏忽延误您吃药的时间，我感到非常抱歉。"那位乘客严厉地指责了空姐，说什么也不肯原谅她，并声称要投诉她。在接下来的行程中，空姐一次一次地询问那一个乘客是否需要帮助，但是他就是不理不睬的。

临到目的地时，那位乘客要求空姐把留言本给他送过来。此时，空姐十分委屈，但她还是很有礼貌地微笑着说："先生，请允许我再次向您表示真诚歉意，无论您提什么意见，我都欣然接受。"等飞机降落乘客离开之后，空姐不安地打开留言本，只见上面写着这样一段话："在短短2个小时的飞行途中，你表现出的真诚歉意，特别是你第8次的微笑深深地打动了我，使我最终决定：将投诉信改成表扬信。谢谢你真诚的微笑，下次旅行有机会我还会乘坐你的这趟航班。"微笑魅力如此之大，眼看一场风波就要起了，那位空姐用了她充满真诚歉意的微笑，深深地打动了那位将要投诉他的客人，这便是微笑的魅力。

微笑的人是快乐的，微笑的面孔永远年轻。

优契克曾说：“应该微笑着面对生活，不管一切如何。”

要微笑着面对他人，不论是冒犯还是恭维。微笑会让冒犯者无地自容。正是你的宽容包容了他人的狭隘，你的理智唤醒他人的良知。

用微笑去点缀今天，用歌声去照亮黑夜，不用再苦苦寻觅快乐，祈求光阴的怜悯，而是含着微笑走过四季，再将它贮藏成幸福的美酒，享受一生。

我们要做一条林间小溪，悠然而新鲜地流过树根。穿过草地，欢喜地看小草高高长，花儿默默给，一切都会在微笑中继续。

亲切、温暖、愉快、和蔼、可信的微笑给人以亲切的感觉。真诚的微笑是社交的通行证，是最富有吸引力的表情，表现出人际关系友善、诚信、和蔼、谦恭、融洽等美好的感情因素，也表明自己欢迎和友善没有敌意。充分发挥微笑的魅力，微笑是自信的象征，礼貌的表示，心理健康的标志。微笑要发自内心的，自然地流露，不可以故作笑颜。

7 己所不欲，勿施于人

现实生活中，人们被物资的奢华，强烈的物欲蒙蔽了双眼，很多人的心中已被污秽的私欲充实。在抱怨、痛恨别人带给自己的困扰和痛苦的同时，却狠心地将这种苦“一点不剩”地加在了别人的身上。

§ 学会为他人着想

自己不愿意承受的事情，也不要强加给别人。与这个原则相伴随，孔子主张：自己想要达到的目标，也要帮助别人达到；不愿意别人以某种方式对待自己，自己就首先不要用这种方式对待别人。

这个故事发生在非洲某个国家里。在他们那个国家，白人政府实施了一种“种族隔离”政策，不允许黑皮肤人进入白人专用的公共场所。那些白人也不喜欢与黑人来往，他们认为黑人是低贱的种族，避之唯恐不及。正是种族的不同，他们之间缺少交流，最重要的白人看不起黑人。一天，有个拥有黑色长发的洋妞在沙滩上日光浴，她由于过度疲劳而睡着了。当她醒来时，太阳已经下山了。此时，她觉得肚子饿极了，便走进沙滩附近的一家餐馆准备就餐。

她推门而入，选了一张靠窗的椅子坐下。她坐了约15分钟。没有侍者前来招待她。她看着那些招待员都忙着侍候那些比自己来的还晚的顾客，对她则不屑一顾。看到这样的情景，她顿时怒气满腔。想走向前去责问那些招待员。当她站起身来，正想向前时，眼前有一面大镜子。她看着镜中的自己，眼泪不由夺眶而出。原来，她已被太阳晒黑了。

此时，她才真正体会到黑人被白人歧视的滋味！

生活中，无论我们做什么事，都要设身处地去为他人着想。做人不能只顾自己而不顾别人。

想做一个成功的人，就应该有宽广的胸怀，待人处世之时切勿心胸狭窄，而应宽宏大量，宽恕待人。倘若自己所不欲的，硬推给他人，不仅会破坏与他人的关系，也会将事情弄得僵持而不可收拾。人与人之间的交往确实应该坚持这种原则，这是尊重他人，平等待人的体现。人生

在世除了关注自身的存在以外，还得关注他人的存在，人与人之间是平等的，切勿将己所不欲施于人，这样真诚才能换真心。做任何事我们都要设身处地去为他人着想。正如孔子所言：“己所不欲，勿施于人。”如果我们是一名尽责的推销商，就应要有商业道德，不要只为自己赚取更多的盈利，而硬将顾客不需要或品质差劣的产品推给他，试想，若你也遭受这种待遇，感受又会是如何呢？

人生在世，不要处处只为自己考虑，这样未免太自私，凡事不妨将心比心，设身处地为别人想一想，自己不想做的就不要勉强别人，多一份理解，多一份真诚，生活会更好。

人人都是平等的，都有追求幸福的权利，所以我们在追求幸福的过程中，不能把自己的幸福建立在别人的痛苦之上，我们应该相互尊重对方追求幸福的权利。“己所不欲，勿施于人”，这是人际交往中的黄金规则。

如果你尽力去真正理解他人，对他们有兴趣，并认真倾听，你就能更好地体会他们的感受。当你能体谅并理解他们的感受时，才能真正地设身处地为他们着想。

在人际交往中，“己所不欲，勿施于人”的教诲是大有裨益的，它可以避免提出人们很难以接受的要求，可以避免由此而来的难堪局面，从而可以建立和维持良好的人际环境。推己及人，是以自己为标尺，衡量自己的举止是否能让人所接受，其依据是人同此心，心同此理。我们可以将心比心，设身处地，站在对方的位置上，想想会有什么反应、感觉，从而你也就会理解他人，体谅他人。

§学会善待他人

当朋友犯了错误，不要对他们横加指责、大声呵斥，要知道“人非

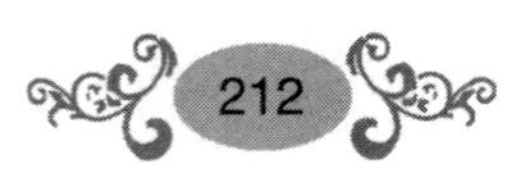

圣贤，孰能无过”，我们要多看到他们的长处，凡事多站在别人的立场上为他们考虑，这样我们就可以更好地理解朋友，就能与他们更好的相处。我们要做到随时调整好自己的心态，原谅别人的过错，多看别人的长处，这样你与周围人的友谊才会常青。

学会做事，从表面上看来是个人在追求成功，是自己的事情，与他人无关，但实际上，在追求成功的过程中，任何人也离不开与他人的合作。老师要依靠学生的学习才能成为一名好老师；学生要依靠教师的教育才能成为对社会有用的人；老板要依靠员工的工作才能完成经济活动；作家则要依靠读者的阅读才能成为大作家。从这个角度来看，做事离不开他人的支持。如果你想获得成功，就应该想方设法获得周围人的支持和帮助。那么，怎么才能得到他人的合作呢？答案是与人为善。只有你真诚地去对待别人，别人才会心甘情愿地与你合作，在你遇到困难的时候挺身而出。

战国时代的名将吴起很懂得与人为善就是善待自己这个道理。《史记》中载有一个关于吴起的故事：他爱兵如子，深得士兵们的爱戴。有一次，一个刚刚入伍的小兵在战争中负了伤，因战场上缺医少药，等到打完仗回到后方时，那位小兵的伤口已经化脓生疽。吴起在巡营的时候发现了，他二话没说，立刻蹲下来，用嘴为那位士兵吸吮伤口、消炎疗伤。那位小士兵见大将军竟然如此对待自己，感动得热泪盈眶，说不出一句话。其他士兵们看了，也深受感动。正因为吴起如此善待士兵，所以士兵们个个英勇善战。

可见，善对他人是我们在人与人之间必须遵守的一条基本准则。

孟子曾说：“君子莫大乎与人为善。”那些自私吝啬、斤斤计较的人，不仅找不到合作伙伴，甚至有可能成为孤家寡人。而那些处处为别人着想，慷慨付出、不求回报的人，往往更容易获得成功。善待他人的

最重要原则就是“已所不欲，勿施于人”，凡事要从对方的角度来考虑。我们都应该遵从这个原则，因为只有这样，才能在与人相处时获得更多的好朋友。

罗斯福在当海军助理部长时，有一天一位好友来访。谈话间朋友问及海军在加勒比海某岛建立基地的事。“我只要你告诉我，”他的朋友说，“我所听到的有关基地的传闻是否确有其事”。这位朋友要打听的事在当时是不便公开的，但既是好朋友相求，那如何拒绝是好呢？只见罗斯福望了望四周，然后压低嗓子向朋友问道：“你能对不便外传的事情保密吗？”“能”。好友急切地回答。“那么，”罗斯福微笑着说：“我也能。”

在人际交往中要以诚待人，用“心”和他们交往，因为只有你真诚地对待别人，别人才会真诚地对待你。不能因为和别人的观点不同而打击对方。在与人交往中要尊重别人、善待别人，做到“已所不欲，勿施于人”。

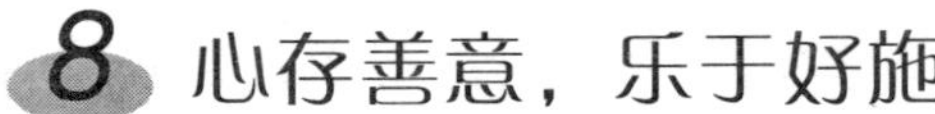

8 心存善意，乐于好施

在现实生活中，你会发现许多双求助的眼神，此时，请上前问一声“需要帮助吗？”收获一份坦然的同时，你会得到一声真诚的谢谢。心存善意，乐于好施是人际交往中一种高尚的品德，是智者心灵深处的一种沟通，是仁者个人内心世界里一片广阔的视野。

§ 心存善意

心存善意来源于高尚。“人心本善”，“世界终将大同”，…… 有了这

样的情操，人们的行动才有了指南，人生杠杆才有了支点，理想大厦才有了精神支柱。

心存善意来源于自信。无论生活以什么样的方式回报他，他都能应对自如。正如一位诗人所说：“报我以平坦吗？我是一条欢快的小河；报我以崎岖吗？我是一座巍峨挺拔的高山；报我以幸福吗？我是一只凌空飞翔的燕子；报我以不幸吗？我是一根劲竹经得起狂风暴雨。”市场经济，红尘滚滚。似乎实力地位、利益原则决定一切，于是有的人便认为与人为善的精神原则已经变得陈旧而失去了光泽。其实不是这样，人们需要善良，世界需要善良，你自己也需要善良。

心存善意是一种力量。它能征服人心、征服世界。

在庆祝登月成功的记者招待会上，有一位记者提出了一个很尖锐的问题：“你作为同行者，而成为登上月球第一人的却是阿姆斯特朗，你是否感觉有点遗憾？”在众人有点尴尬的注视下，奥尔德林风趣地回答道：“各位，千万别忘记了，回到地球时，我可是最先迈出太空窗的！”他环顾四周笑着说：“所以，我是从别的星球上来到地球的第一个人。”大家在欢愉的笑声中，给了他最热烈的掌声……奥尔德林的善念化解了人们的不平和尴尬，同时也真诚地分享了朋友的快乐。

宋代的寇准与王旦，同朝为官，王旦为宰相主管中书省，寇准为副相主持枢密院。两人性格相左，一个柔和，一个刚直，所以常有摩擦。一日，中书省有文件送枢密院，不合诏书格式，寇准便把这件事报告了真宗，王旦受到了责备，中书省的官吏也受到了处分。没出一月，枢密院有文件送中书省，也违反了诏书格式，中书省的官吏很高兴地呈送王旦，认为报复的机会来了。王旦却叫人送还枢密院。寇准十分惭愧，拜见王旦说：“您真是有天大的度量啊。”

王旦心存善意，宽容对待同僚间的摩擦，不仅消除了彼此隔阂，确

保了政坛稳定，而且以自己的高尚情操，“善”出了政绩卓著的一代名相——寇准。

心存善意相对的是与人为恶。与人为恶者把一生的奋斗目标放在损人、害人之上，或者心胸狭隘，嫉贤妒能；或者疑神疑鬼，坐卧不宁；或者厚颜无耻，卑鄙下流；或者贪婪无度，违法乱纪……由于他们担惊受怕，神经高度紧张，必然导致五行失调，阴阳错乱，如入炼狱，如坠火海，最后的结果便是早衰早亡。而与人为善者经常处在和谐之中，人际平和，心态平和，豁达乐观，无忧无虑，其身必健，其寿自长。正如长寿名著《丁福宝训》所言：“胸怀欢乐，则长寿可期……口资笑乐而益身体也。”

心存善意是一壶洗涤灵魂的净水。当善意成为你生命中的一种习惯的时候，你就会更加幸福，这个社会也会更和谐。

§ 乐于好施

乐于好施绝不是一种简单的同情心，她是一种无形的相助，一种博大的爱，是一股矫正世俗的春风。

勿以恶小而为之，勿以善小而不为。受所处环境和心境的影响很大，受个人道德和修养规范的影响很大，受社会整体文明和和谐水平的影响很大。与人为善在脱离了“人之初性本善”的阶段之后，是需要着力培植的。从社会的角度看，对公民公德的要求是对与人为善的规定性培植；从人性的角度看，激发与人为善的情感，是追求心灵美好安宁的有效途径；从人的价值取向看，激励与人为善的追求，是社会和谐的基础；从人的幸福指数来看，乐于好施的普及程度越高，人普遍的幸福感越强烈。

乐于好施，理应不怀任何目的、不求任何回报，你所付出与人的，

不必念念不忘，而你所收获于人的，应当铭记在心，这就是与人为善的胸怀。

在往纽约市布鲁克林区的一幢公寓楼里，可以看到每一家住户的邮箱旁都贴着一张布告。上面写着：“为格林夫人做好事：格林夫人住在本单元3B室，她每月要到医院去做两次化疗。愿意在她化疗之后把她从医院接回家的人请签名。我们会真诚地感谢您的善举。”有一个女孩儿看到了，由于不会开车，就没有签名。

三个星期之后的一天晚上，正好那个女孩儿要进行期终考试。可那天，雪纷纷扬扬地下了几个小时，仍旧不停。她只好穿上两件毛线衫，披上一件厚外套，顶着风雪，深一脚浅一脚地向远处的公共汽车站走去。走到公共汽车站时，她看见最后一班公共汽车的尾灯闪了一闪，就隐没到了漫天的狂风暴雪中去了，任她伸长了脖子拼命叫喊，它还是走了。

你能想象女孩儿当时绝望的心情吗？这次考试她用了整个星期的时间去复习。她不知道自己是怎么回到公寓的，当她低着头推开公寓楼木门的时候，迎面撞到一位夫人。此刻，她身上穿着一件褐色的外套，手里还拿着一串钥匙，正站在邮箱的旁边。那一瞬间，她的脑子里闪现的第一个念头就是：很显然，她有汽车，而且，正准备出去。绝望中的女孩仿佛看到了一丝希望。“您愿意让我搭个便车吗？”女孩不假思索地冲口而出，“我从来没有请求过别人让我搭便车，可是现在……”说到这儿，女孩儿注意到那位夫人的脸上露出一种奇怪的表情，于是，女孩儿连忙补充道：“噢！我住在4号房，最近刚搬来。”“哦，我知道，”她说，“我从窗户看见过你，当然，我愿意让你搭便车。你稍等片刻，我上楼去拿一下汽车钥匙。”“拿汽车钥匙？”女孩纳闷儿地问道，“那，您手里拿的难道不是车钥匙？”“哦，不，我只是下楼来取信的，你稍等一下，我很快就下来。”女孩儿简直窘迫极了，连忙向她叫道：“哦！夫人！请您

等一下，我并不是想麻烦您出门！”但是，她好像没有听见似的，仍旧向上走着，很快就消失在楼梯的拐弯处。

不大一会儿，她就下来了。一路上，她很热情地向女孩儿问这问那，温和的话语让女孩儿感到非常温暖，先前的那份不安和窘迫也逐渐消失了。“您使我想起了我奶奶。”女孩儿笑着说。她的脸上泛起了笑，“那，你就叫我艾莉丝奶奶吧。我的孙子都是这么叫我的。”

那天考试结束后，当女孩儿回到公寓楼，正往楼上走的时候，正巧碰到刚从邻居家走出来的艾莉丝奶奶。“晚安，格林夫人！明天见！”那位邻居说。

女孩儿不禁惊呆了：格林夫人？那个患癌症的女人！艾莉丝奶奶竟然就是格林夫人！

女孩儿呆呆地站在楼梯上，惊讶地用手捂着嘴。她只感到一种强烈的负疚感在撞击着自己：我竟然要求一个身患癌症的老人冒着狂风暴雪开车送我去学校！

“哦，格林夫人，”女孩儿结结巴巴地说，“我不知道您就是格林夫人，请您原谅我！”格林夫人静静地看着小女孩，露出了微笑：“以前我的身体也很好，很强壮。那时候，我也经常帮助别人。可是现在呢，都是大家来帮助我，不仅送东西给我，帮我做饭，而且还接送我去医院看病。对于大家为我所做的一切，如果说我不想感激大家，那不是事实，因为.我一直都心存感激，总想回报大家，可是却一直没有机会。但是，今天晚上你的请求让我能够再像一个正常人一样去帮助别人，去感受一下帮助别人的快乐……”

乐于好施，不计回报地帮助别人的人，正像格林太太一样，因为她感觉社会的需要；因为这样能使人看到世界的美好。能给予别人帮助的人，会活得充实和有价值，因为那样可以让人感受社会的接纳和认可。

第八章

爱心活动——心相连，手相牵

爱别人等于爱自己，帮别人就是助自己！让爱延续，让梦飞翔！

“这是心的呼唤，这是爱的奉献，这是人间的春风，这是生命的源泉……”每当大家听到这首歌曲的时候，心里顿觉升起阵阵暖意。爱心是要传递的。我们不是仅仅因贫而助，而是因助而助人才助。爱心绝对不是无条件的，爱心要对社会负责。

爱心活动大联盟，让每个青少年都参与进去！让我们人人都献出一份爱，让这个世界变得更加美好！

1 让爱心悄悄散开——志愿活动

“志愿活动”在工具书中的解释是在本职工作之外，不计报酬为社会和大众服务的活动。包括社会咨询、义务劳动、保健、为残疾人服务、人才培训等。某些有专长的人到国外从事援助性工作也属于志愿活动。

§ 关爱行动，志愿活动

在各种志愿活动中，作为志愿者，是为了什么？想要得到什么？一本证书，一封感谢信，还是一面锦旗，一座奖杯？也许，这都不是。但真正意义上又能带来什么呢？一段记忆深刻的时光，一项磨炼的技能，一颗关怀弱者、关注社会的博大心胸，一份面对社会不再惶恐的自信，还是一种解决问题、处理问题的思维？

为迎接第23个国际青年志愿者日，某校举行大型无偿献血活动。活动以“无偿献血功德无量”为主题，由青年志愿者总站主办，教科学院、外国语学院共同承办。

活动一响应，立刻得到校内广大学生的积极响应，近千名志愿者现场参与无偿献血活动。当天下午12点30分，大量志愿者参与到活动中来。恩泽碑下，无数志愿者在横幅上签上自己的名字，志愿参加无偿献血活动。尽管寒风凛冽，气温较低，但丝毫没有影响志愿者们的心情。

大家脸上都带着幸福的微笑，有序地排队等待填写无偿献血资料信息，而位于大学生活动中心的两辆采血车上也早已坐满了振臂捋袖参加无偿献血的大学生。现场人潮涌动，献血者络绎不绝。

无偿献血活动不仅体现了社会主义社会人与人之间团结互助和人道友爱的精神，也充分展现了同学之间团结友爱、无私奉献的高尚情操。

关爱是我们生活的氧气，健康是我们生活的资本，我们需要关爱，我们需要健康。

安吉之行志愿者走访了许多户农家，深深地感受到很多人家都缺少社会给予的关爱和对健康知识的基本了解，比如孤寡老人们看到年青的一代的活力和青春时，激动的眼泪在眼眶里打转；志愿者为田间的农民送上夏季的防暑药品时，他们一个劲地挥手表示感谢直到志愿者走得很远很远；12 岁的脑瘫儿童因为没钱看病，一直拖到现在，跟着年迈的奶奶一起生活着；一位节俭的母亲，为了供儿子读大学，舍不得扔掉一根用了三年的牙刷，殊不知这样的牙刷对牙齿有多么地损伤……

志愿者带去农家的关爱和健康是微不足道的，毕竟世界如此之大，志愿者只是茫茫人海中的一点。但我们有理由相信只要人人都献出自己力所能及的一点爱，世界定将变成美好的人间，变成爱的天国。

§让爱心传播，积极参与志愿活动

对社会而言，志愿活动具有以下积极意义。

1. 传递爱心，传播文明

志愿者在把关怀带给社会的同时，也传递了爱心，传播了文明，这种“爱心”和“文明”从一个人身上传到另一个人身上，最终会汇聚成

一股强大的社会暖流。

2. 有助于建立和谐社会

志愿工作提供了社交和互相帮助的机会，加强了人与人之间的交往及关怀，减轻彼此间的疏远感，促进社会和谐。

3. 促进社会进步

社会的进步需要全社会的共同参与和努力。志愿工作正是鼓励越来越多的人参与到服务社会的行列中来，对促进社会进步有一定的积极作用。

对志愿者个人而言，志愿活动具有以下积极意义。

1. 奉献社会

志愿者通过参与志愿工作为社会出力，尽一份公民的责任和义务。

2. 丰富生活体验

志愿者利用闲余时间，参与一些有意义的工作和活动，既可扩大自己的生活圈子，又可亲身体验社会的人和事，加深对社会的认识，这对志愿者自身的成长和提高是十分有益的。

3. 提供学习的机会

志愿者在参与志愿工作的过程中，除了可以帮助人以外，还可以培养自己的组织及领导能力。学习新知识、增强自信心，学会与人相处等。

对服务对象而言，志愿活动具有以下积极意义。

1. 接受个人化服务

志愿者在服务，提供大量的人力资源的同时，更能发挥服务的人性化、个人化及全面化的功能，从而令服务对象受益。

2. 帮助服务对象融入社会，增强归属感。

通过志愿者服务有效地帮助服务对象扩大社交圈子，增强他们对人、对社会的信心，同时，志愿者以亲切的关怀和鼓励，帮助服务对象

减轻接受服务时的自卑感和疏远感，从而使服务对象建立自尊心和自信心。

志愿活动不同于献爱心，不同于学雷峰，它有它自己的特点，只有把握好它的特点才能做好志愿活动。

志愿活动是一个要长期坚持，并且在坚持的过程中会遇到很多困难的过程，你在加入以前，你做好这样的思想准备了吗?

从物质和精神上做好准备，我们就能做好志愿活动吗?不能。志愿者做好物质上和精神上的准备只是做好志愿者活动的基础。做好志愿活动更重要的在于组织。

一个人的能力是很有限的，为了更好地做好志愿服务，志愿者们就应该携起手来，形成一个组织，将大家各自的力量汇聚起来变成一个更强大的力量，这就需要有志愿者组织。

既然有组织，就应该有组织的样子。在一个组织中，必然有领导与被领导，指挥与被指挥，只要大家力往一个方向使，就能做好志愿活动。如果大家像一盘散沙，相互制约，这样就达不到组织的目的了。

在志愿者组织中，每个人之间都是平等的，但是在参加志愿活动的时候，就应该出现领导、指挥与被指挥。大家在参加志愿活动的时候一定要调整好自己的心态，如果自己是指挥者，那么你就要从大局去看问题，去思考问题，不要因为自己个人而影响了整个志愿活动；如果自己是被指挥者，那么你就要去服从指挥者，配合指挥者做好安排给自己的事情。只有这样，在志愿活动中才会有更好的效率和得到更好的效果。所以，在志愿服务中，组织管理是很重要的。没有无能的士兵，只有无能的将军。

2 爱心的传递——“一帮一”活动

“一帮一”活动一直是一个传统活动，它体现了人与人之间的相互帮助。

帮助他人自古以来就是中华民族的传统美德。我们在帮助他人的过程中也会体会到帮助他人的快乐。在新时期我们要构建社会主义和谐社会，就必须要发扬我们中华民族的传统美德，只有人人的道德素质提高了，我们才能真正地在社会中和谐相处，一起走向社会主义更加美好的明天。

§ 手拉手，一帮一

现在有很多人受到未来思想的影响，拜金主义等一些腐朽的思想也在不知不觉中侵蚀着我们的思想，物欲横流带给人们的只能是人们之间的冷漠、无情，除了人们之间的利益关系之外再没有那种和谐的气氛。一帮一活动以行动在呼唤那种人与人之间和谐共处的生活。

广州暨南大学珠海学院和珠海市侨务局主办了“珠海侨生一帮一献爱心行动——暨南学子与红旗中学归侨子弟手拉手”。根据双方签署的长期帮扶备忘录，四十八名红旗中学贫困的归侨同学将首先得到物资捐赠、书籍捐赠、学业辅导、心理辅导等方面的帮扶。

由于历史原因，珠海市有近万名越南归国华侨，他们主要生活在珠海市红旗镇华侨农场，这批归国华侨的生活相对比较困难，他们的子女

的学习、生活状况也受到了社会各界人士的广泛关注。

暨大珠海学院的侨生们知道这些情况后，主动向学校提出要与这些归侨子弟开展“一帮一”活动，并提出成立暨南大学珠海学院侨生与红旗中学归侨子弟帮扶小组。帮扶小组和帮扶对象建立了长期的联系，并且举行定期的互访交流，帮助红旗中学的归侨子弟解决学习、生活和心理上的各种问题；而作为学院计划在红旗中学定期举行高考交流咨询会，学生心理辅导等活动，珠海学院青年志愿者协会也在红旗中学设立服务点，长期开展志愿者服务活动。

活动以暨大珠海学院一名内招生志愿者和一名外招生志愿者共同帮扶红旗中学一名贫困归侨同学的形式长期进行。

爱的形式有很多种，“一帮一”活动把爱结成“一对一”的形式，直接的对其需要帮助的人给予帮助，这样结成的帮扶对自己意义也更加深远。

§ 让爱心继续传递下去

在“一帮一”活动中，“一”与“一”的互动是实效的保障。

金寨处于皖西边缘的大别山区，隶属六安市，是国家级贫困县，县内多处于库区，洪区和高寒山区，县内地少人多，多以种植水稻、茶叶、板栗为生，收入极少。

那里干旱缺水，种地收入很少，而且自治区内家庭子女多，家境十分贫困，失学是他们的噩梦。对于孩子们和他们的家庭来说，上学也许是他们走出大山，逃离贫困的唯一出路（虽然宁夏的学费已经减免了，但是宁夏的孩子更渴望和外面世界的人交流、交往，他们的生活也都十分艰苦，早晨一个冷馍，中午米饭土豆，晚上米饭土豆，一年下来一成不变。）

他们心中都有一个朴素的愿望，希望有那么一群人，能够关注他，们，帮助他们实现……或许我们只要少聚餐一次，少买一件衣服，一个学生就可以留在学校，继续他们的梦想。我们可以是一个人，一个寝室，几个好友，一个班级，一个社团，一起来资助一个学生。

做我们能做的，改变我们能改变的，也许孩子们的命运会因此而改变因此而不同。

在我国，有一些孩子在刚刚出生就因为家庭贫困，或因为种种原因而被父母遗弃，他们在成长过程中缺少家庭的温暖；还有一些生活在福利机构的孤儿，由于机构本身条件有限，只能满足最基本的生活需要。这些孩子非常需要有人能够提供给他们一些生活必需品，直到他们找到了一个永久的，充满爱的家庭。改善这些孩子生活条件的最好方式就是提高他们所居住福利院或者寄养家庭的生活质量。

……

社会上还有许多需要帮助的人，让我们把爱心传递下去吧！“一帮一”活动让我们更加真切的感受这种爱的特殊方式。

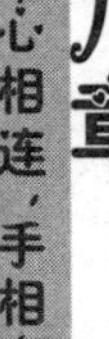

3 生命绽放的炫美——道德意识

青少年是祖国的未来，而我们的道德水平更加关系到国家的兴衰成败，关系到社会主义事业是否后继有人。青少年正处在世界观、人生观、价值观形成和发展的重要阶段。在这个时期，青少年需要得到正确的教育和引导，需要正确地给自己的人生定向，需要加强各方面的修养

以提高自己。所以说，培养青少年的道德意识就显得尤其重要。

事实上，我们所培养的青少年将来会有多么大的发展，能够为人民、为社会、为祖国做出多么大的贡献，就要看这个人的公德意识有多强，思想道德修养到什么境界。

目前，我国已成功加入世界WTO。组织，大力发展社会主义市场经济，在汲取西方先进科学文化知识和先进管理方式的同时，就不可避免地有一些腐朽思想的渗入。各种思想文化相互激荡，如何教育我们青少年做一个品德优良的人，增强抵御敌人糖衣炮弹攻击的能力，是青少年在社会实践中最必不可少的一部分。

§爱心活动，培养道德意识

江泽民同志曾经在给杰出青年志愿者信上做出十分重要的批示，他指出：青年志愿者行动，是当代社会主义中国一项十分高尚的事业，体现了中华民族助人为乐和扶贫济困的道德美德，是大有希望的事业。努力做好这项事业，有利于在全社会树立奉献、友爱、互助、进步的时代新风。希望你们在新的世纪里继续努力，发扬我国青年的光荣传统，不懈奋斗，不断创造，奋勇前进，为实现中华民族的伟大复兴做出新的更大的贡献。

这些足以说明，青少年参加志愿活动，培养爱心、道德意识是十分重要的。现阶段，加强青少年思想道德的修养，就是要教育他们努力成为一个遵纪守法、诚实守信，用自己的双手创造幸福生活的人，成为一个助人为乐、见义勇为，积极为祖国为社会为人民多做好事的人，成为一个严于律己、防微杜渐，自觉抵制拜金主义、享乐主义和个人主义思想侵蚀的人；成为一个一心为公、甘于奉献、时刻以国家和人民利益为重的人。

现在，我们知道，志愿活动的重要性了，那么，接下来就是要培养青少年的道德意识。要做到这一点，就要注重和体现高度的自觉性。

培养青少年的道德意识，固然需要必备的外部条件和影响。比如说，学校教育、教师引导和他人帮助等，但是，这一切外力作用的效果，最终还是要取决于个人有没有高度的自觉性。树立正确的世界观、人生观、价值观，形成崇高的理想和高尚的品质，归根到底要靠自觉行为，而这种自觉与道德教育又是一个相辅相成的关系。

众所周知，“四自”是人生修养的准则，其核心是“自律”。唯有自律，才能使外在的社会规范转化为主体的自觉意识和积极行动，变被动为主动，变消极因素为积极因素；唯有自律，才能严于解剖自己，虚心向先进模范人物学习；唯有自律，才能慎独自守，把握自己，不以恶小而为之，不以善小而不为；唯有自律，才能在任何时候，都不懈怠创业精神，都不涣散奋斗意志。

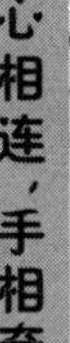

当代青少年都应当培养和增强自我修养的自觉性修养，使自己的品行情操从一种境界不断地上升到新的更高尚的境界，从而做出无愧于前辈、无愧于时代、无愧于人民的业绩，实现道德教育的最终目的。

青少年道德教育的层次可由青少年志愿服务活动的质量来衡量，组织青少年利用业余时间参加志愿服务，不仅仅能解决一些社会问题，而且可以培养青少年道德修养。激励他们树立正确的道德观、人生观和价值观。

§ 多种多样，爱心活动

青少年的爱心活动是多种多样的，不论是关于哪个方面的爱心活动。对于青少年道德意识的提高都是有很大帮助的。

第一类志愿活动就是以“创三优”为重点的常规性活动。“创三优”

是学校的一项长期活动，也是青少年爱心“热心公益”的具体体现。各团支部、班委会要认真组织青少年大力参与整治卫生环境的活动，并加强卫生监督工作，落实责任制，常年坚持，一抓到底，为创建学校优美环境，做出青少年的热心奉献。

在此基础上，加大青少年爱心在社区服务的力度，扎实推进青少年爱心服务，特别是注意发挥青少年在环境保护、植绿护绿、维持秩序、义务讲解和便民修理等方面的作用，努力形成有较大覆盖面和社会影响力的公益性爱心服务项目。

第二类就是以“热心关怀”为主题，开展向孤寡老人献爱心活动。组织青少年到敬老院，帮助孤寡老人整理卫生，送去精神食粮，使老人们充分感受到社会主义制度的优越性，发挥广大青少年在改善社会风气，弘扬传统美德方面的积极示范作用。

第三类就是以“送技、送教、送暖”为主题的中学生爱心服务活动。以“热心扶持”为重点，暑假期间组织青年深入农村开展社会调查，对缺文化、缺技术的农民进行扫盲治愚，帮助他们脱盲、脱贫、走出愚昧，共同致富奔小康，在活动中，要同“三下乡”活动有机结合起来，不断深化文化、科技、卫生“三下乡”活动。使青少年在服务活动中深化知识的理解，对思想的感悟。

总之，新时期青少年道德教育与爱心服务相辅相成，只有更好地参加一些社会群体爱心服务，落实好青少年道德教育，才能为社会作贡献；只有把握好爱心服务的方式，开展好爱心服务的活动，才能更好地加强青少年道德教育。

4 爱心大资助——抗震救灾

中华民族的伟大精神是心系祖国、情牵人民的精神，就是迎难而上、顽强拼搏的精神，就是不怕吃苦、不怕牺牲的精神，就是百折不挠的精神。青少年是祖国的未来，有理由把这种精神延续下去。2008年我们每个人都期盼着北京奥运会的到来，当我们每个人都准备以热情笑容迎向来自世界各地宾朋的时候，当我们的圣火在神州大地喜悦传递的时候，没有人会想到，震动波及东南亚的四川大地震，让所有的中国人揪心……这一刻的到来，中国人民又一次展现了爱心的伟大。

§ 资助活动，大爱无疆

5月12日14时28分，这个让所有中国人都无法忘记的时刻，在四川汶川发生里氏8级强烈地震，也就在这一刻使成千上万的人瞬间失去了亲人和家园。也从这一刻之后，无数的爱心人士将目光穿越千山万水，聚焦汶川，也有无数的爱心人士随时准备向灾区伸出援手。2008年注定是荣耀的一年，但大难袭来也不能不说是灾难的一年，但令人欣慰的是，全体中国人万众一心，众志成城，一起承载疼痛，面对灾难。

灾情容不得你有片刻的考虑余地，灾情就是命令，而对如此之大的地震，所有的人都应该马上行动起来……

除了前线的赈灾人民外，众多企业、机关单位都开始了后方的保障工作，并组织员工捐款捐物，紧急调动各类救灾物资支援灾区，以实际行动为抗震救灾奉献力量。其中我们的通信业务如中国移动第一时间联合中国红十字会开通了短信捐赠的平台。“移动用户可编辑 1 ～ 30 的数字发送到 1069999301 便可以向灾区捐赠相应的数额以表达自己的爱心，同时还可以重复捐赠，移动方将通过此方法捐赠的善款再全部捐赠到灾区。”再如，中国移动还开通了“爱心热线”可使客户免费拨打 10086 咨询捐款信息及帮助寻亲等多种业务，谁又能说这不是一种爱心呢？短短几天的时间中国移动短信平台就受理客户捐赠已超千万元，客户捐赠达到百万人次。

除此之外，还有通过彩铃等多种方式，与其他途径广泛宣传赈灾信息，让更多的人实时了解到灾区的实情；无线音乐俱乐部还开通，了“为灾区祈福”等多种活动，使所有的祖国人民凝聚在一起，为灾区人民奉献拳拳爱心。

当我们看到由各地人民全国各地的救灾物资源源不断流向四川灾区时，就会感到民族企业的强大和人心的凝聚。当这些物资、捐款、人员从四面八方汇聚而来，当每一个爱心人员走向捐款箱，当各个单位人员 24 小时守在工作岗位时，当灾民收到一件又一件物资时，我们真切地感受到资助的力量，爱心的伟大。

§ 从实践开始，培养爱心意识

目前，很多青少年都是家庭中的独生子女，一部分青少年存在着以自我为中心的倾向，缺乏基本的同情心和责任感，对于家里的亲人感情淡薄，意志品质脆弱，缺乏毅力，抗挫折力差，依赖性强，但现今社会

竞争激烈，对人才的要求更高，如果青少年再不改变现状，将难于适应社会。

因此，青少年朋友们应该多参加社会实践，从根本上培养自己的爱心意识。那么，青少年应该如何培养爱心意识呢？

首先，父母要富有爱心，父母是孩子的榜样，孩子也是父母的影子。只有富有爱心的父母，才能培养出富有爱心的孩子。孩子时时刻刻把父母作为自己的榜样，父母的一言一行也会潜移默化地影响着孩子，因此，父母在日常生活中就要注意自己的一言一行，做到孝敬老人、关心孩子、关爱他人、乐于助人等，让孩子知道父母是富有爱心的人，自己也应该像父母那样。

其次，为孩子提供奉献爱心的机会。现代社会由于大部分都是独生子女，因此父母只知一味地疼爱孩子，却忽略了给孩子提供奉献爱心的机会。事实上施爱与接受爱是相互的，如果一味地宠孩子，就会使孩子认为接受爱是理所应当，不知道给予，久之也会丧失施爱的能力。生活中，很多的家长以为给孩子多点关心和疼爱，等他长大自然也会关心别人。其实这是一种错误的看法，你没有给孩子学习关爱的机会，他们怎么会孝敬父母，怎么懂得关爱别人呢？所以，给孩子奉献爱心的机会是很有必要的。

最后，青少年的爱心要保护好。很多时候由于父母的工作忙或其他原因，对孩子表现出来的爱心视而不见，甚至受到不合理的训斥，很可能因此而扼杀掉他的爱心。所以，保护好爱心的存在是非常重要的。

5 关注弱势群体，让心灵始终温暖

弱势群体，一直是每个国家都应该关注的一个群体。这不只是政府的责任，也是全社会的责任，更是社会强势群体的责任。但是，在当今社会里，爱心教育，向来就是一个薄弱环节，这也是导致现在许多青少年爱心观念淡薄，甚至完全颠倒，以自我为圆心的重要原因。

§ 青少年，关爱弱势群体刻不容缓

随着经济的发展和生活的富裕，再加上独生子女越来越多，使得许多青少年在父母的宠爱之下，染上了许多不良的习惯，如懒散、娇气、懦弱的毛病，只知被宠爱、被关注，而不懂得心疼和关注他人。逐渐地，他们就被冠以“冷漠”一词。诚如一位作家所说：“他们可能会为自己心爱的小狗买上一袋酸奶，却对路边乞讨的老人视而不见。”

其实，健康的青少年和那些弱势群体比起来，实在是幸福太多了。因此，青少年应该多多释放一些自己的爱心，不要再让“冷漠”覆盖自己的双眼，也让这个社会多一些温暖和光明吧。只有高度关心弱势群体，才会形成良好的社会氛围，才能促进社会不断进步，更加公正。一个真正公正的社会是所有人都受益的社会。在这种意义上，关心弱势群体也就是关心强者自身。

元旦佳节，天空飘洒着纷纷扬扬的雪花，气温十分寒冷。当家家户

户都沉浸在新年的气氛中时，一个中年男子推着一个三轮车正在叫卖，车上拉着许多菜。仔细一看，车子上还坐着一个小男孩，应该是这个中年男子的孩子吧。孩子用给菜保温的被子围着，男子不时地用手给儿子掖掖被角，儿子稚嫩红润的小脸与父亲饱经沧桑的脸形成了鲜明的对比。父亲用力地叫卖着，脸部的表情令人震撼。

一个七旬老人，在街上卖"烤红薯"。突然，城管人员来了个突击检查，其他小贩一见拔腿就跑，可老人腿脚不灵便，哪里跑得过那些城管人员。不管三七二十一，城管人员抓住老人的三轮车就把上面的红薯一股脑儿掀在了地上，老人的三轮车链条也被他们剪断，更加可恶的是，他们还用力地在红薯上踩了几脚，完全不顾老人在一旁的哀求。城管人员走后，老人靠着墙伤心地哭泣，此时好心的路人纷纷向老人施出援手，帮他把钱收到了怀里。

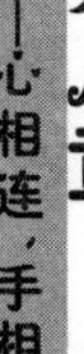

这些就是生活贫困的弱势群体，他们的一生也许别无所求，从来没有住过高楼大厦，从来没有打过"的士"，从来没有进过电影院。看到这一幕，也许大多数人都会感到一阵心酸，可是仅仅有心酸是不够的，我们是不是应该拿出一些实际行动来安慰他们呢？关心弱势群体意味着，要平等地对待弱势群体，要注意倾听弱势群体的声音，而不能怀着救世主的心态，居高临下地怜悯弱势群体，更不能片面宣传、强化强势群体的价值观，并把这种价值观强加给弱势群体。如果这样的话，是难以真正改变弱势群体的弱势地位的。

§ 将关注弱势群体进行到底

弱势群体，正在以一个惊人的速度增长，他们迫切需要得到社会的关注和关心。于是他们只能舍弃亲情去换取另外一些权利，这是一种惨

淡的爱。随着外出务工人员的越来越多，很多孩子都成了临时性的“孤儿”，被人们统称为“留守儿童”。这种临时性所带来的孤独感，甚至比那些真正的孤儿还要难堪。他们缺少了曾经或多或少享有过的父爱母爱，而那些整日被泡在蜜罐中长大的孩子，相对来说不是太幸福了吗？那么，不妨把你们得到的爱分出来一些，所谓“赠人玫瑰，手留余香”，你施人以爱，日后必定得到爱的回报。

现实生活中，“关注弱势群体”这一口号喊得十分响亮，但真到落到实处的却少之又少，能得到关注的只是其中一小部分人，很小一部分。因为弱势太多，仅仅依靠政府或是企业家的帮助，根本无法从根本上解决现状，因此这是一个社会性系统性全面性的工程，应该靠社会上的每一个人来努力，它不是一次性的，而是绵延不断的，不是强求的，而是志愿的，不是光靠舆论的，而是靠一种社会的精神，一个爱大于金钱、相互帮助多过冷漠的价值观，一种生活模式。

青少年应该从我做起，从细节做起，从小做起，去养成爱的习惯，这才是社会进步的长效动力。真诚地希望，“关注弱势群体”这种理念能够渗入人与人关系的各个层面。用爱化解人生的不幸，用爱润泽受困的心田，用爱心成就未来，用爱心温暖心灵，愿爱的火炬世代相传！